玉村豊男　アルカンヴィーニュBLOG

ワインバレーを見渡して

虹有社

２０１４年４月に設立された『日本ワイン農業研究所ＪＷ－ＡＲＣ』は、２０１５年３月に地域のワイン農業を育成するための基盤となるクレイドル（ゆりかご）ワイナリー『アルカンヴィーニュＡＲＣ－ＥＮ－ＶＩＧＮＥ』を建設し、同年５月から、新規就農（希望）者を対象にブドウ栽培、ワイン醸造、ワイナリー経営を学ぶ、『千曲川ワインアカデミー』を開講しました。

本書は、２０１５年６月３日から12月４日までの６ヵ月間にわたって、日本ワイン農業研究所『アルカンヴィーニュ』のホームページ www.jw-arc.co.jp でほぼ毎日更新された「玉村豊男ブログ」の記事に、その後の経過報告を書き加えた、日本ワインと千曲川ワインバレーに関する現況と展望を伝えるものです。

はじめに――前書きに代えて、2015年6月2日のブログから

2年前の6月2日は日曜日でした。その10日ほど前に、農林漁業成長産業化支援機構という会社の営業部長から、6月2日から3日にかけて山梨と長野を訪問するので都合がよければ会いたい、というメールがあり、6月2日の午後4時にヴィラデストで会うことになりました。

メールには、弊社は今年（2013年）2月に設立された官民ファンドであり、農林漁業のサポート、地域活性化を目的として、出資、経営支援を業務とする会社です、という会社の自己紹介の後に続いて、次のような内容が書いてありました。

国産ブドウを使った日本ワインを醸造するワイナリーが各地で新設されており、現在いくつかの相談案件が持ち込まれている。そこで、日本のワイン業界をめぐる現在の状況や今後の進む方向について意見を聞きたい。また、ファンドの出資先のアイデアがあったら聞かせてほしい。

……ファンドの出資先のアイデアですか？　そりゃ、出資してもらえるならうちがいちばん欲しいに決まっていますが、ま、とりあえずその言葉は呑み込んで、私は、農林漁業成長産業化支援機構の専務理事、投融資本部長、営業部長の3人に千曲川ワインバレーの将来性を力説し、この

地域での小規模ワイナリーの集積に力を貸してほしい、と訴えました。話の内容は、私が集英社新書の『千曲川ワインバレー ── 新しい農業への視点』に書いたこととほぼ同じですが、彼らはどうやらこの本を読んで私に話を聞こうと思ったらしく、「それなら弊社のファンドを使って、玉村さんがプロジェクトを立ち上げたらどうですか」と奨められました。

いま思えば、この日の話がすべての発端でした。

それからの2年間というものは、栽培醸造とワイナリー経営について教える人材養成機関としてのアカデミーと、新規就農者が収穫したワインぶどうを受け入れて醸造し、彼らが独立するまで支援する「クレイドル（ゆりかご）」としての基盤ワイナリーという、自分が本に書いた「千曲川ワインバレーの発展に必要なクルマの両輪」を自分自身で実現するために、プランを練り、資金を集め、「日本ワイン農業研究所」という新会社を設立して、ファンドや補助金の交付を受ける煩雑な手続きを進める一方、施設を建設するための用地を確保し、建物の図面を描き、建設工事を監督し、さらにはアカデミーの構想をまとめてカリキュラムを組み講師を依頼するなど、すべての作業を平行して進める怒涛の日々が続きました。

あれから2年後の6月2日、自分が本に書いたアカデミーと基盤ワイナリーが現実として存在することに不思議な感慨を抱きながらも、こんどは次のステップに向けて動き出します。

ワインバレーを見渡して／目次

JUNE

ロータリー卓話　0603

昼から東京ロータリークラブで卓話。ロータリークラブで話をした経験は何度かありますが、日本最古の歴史を誇る東京ロータリークラブで登壇するのははじめてです。この由緒あるクラブの例会は、毎週水曜日の正午からきっかり一時間、帝国ホテルでおこなわれています。話の内容は、もちろん「千曲川ワインバレー構想」です。質のよい日本ワインができる好条件に恵まれたこの地域に、いま自分の手でワインをつくりたいと願う新規就農希望者が続々と集まっています。多くは40歳代の転職者で、これまでのキャリアを捨て、ライフスタイルとして「ワイン農業」を選ぼうという人びとです。もうひとつの人生を求めて新しい世界にチャレンジする彼ら彼女らが、それぞれの目標を達成して自立することでこの地域に小規模ワイナリーが集積し、地域に農業を中心とした穏やかな暮らしが広がるように、私たちはアカデミーと基盤ワイナリーをつくってサポートしています、と述べ、みなさまにはぜひ資金的な援助や地域への投資をお考えいただきたい、とお願いしました。東京ロータリークラブといえば、日本の超一流企業のトップが集まる影響力の大きいところですから、とくに力を込めてお願いしました。

この2年間ほど、人の顔を見れば頭を下げて、「資金の援助をお願いします」と頼み続けてきました。おかげでアカデミーとワイナリーはできたのですが、このプロジェクトをさらに進めるにはまだまだ資金が必要なので、当分はコメツキバッタ（これは死語かなぁ）の状態が続きそうです。心なしか、顔相が卑屈になってきたような……。

アルカンヴィーニュ　0604

きのうは、昼の卓話のあと、夕方からは別の財界人グループと会食をしました。このグループには、数年前から私たちのプロジェクトを応援してくれている人たちが多いのですが、みなさんお忙しい方ばかりなので、なかなか具体的な活動が進みません。2年間かかって、ようやくアカデミーと基盤ワイナリーができたのを契機に、あらためて「アルカンヴィーニュ」のサポーター会員になってくれるよう、ダメ押しのお願いをするために集まっていただきました。

アルカンヴィーニュは、日本ワイン農業研究所が建てたワイナリーの名前です。日本ワイン農業研究所「JW - ARC」(Japan Wine Agricultural Research Center) の「ARC」は「アーチ(弧)を意味し、人と人を(ワインで)繋ぐ、という寓意を込めています。フランス語で虹のことをアルカンシエル ARC - EN - CIEL」(空にかかるアーチ)といいますが、その「空CIEL」を「ブドウVIGNE」に変えて、ワインを愛する人とつくる人が集う新しいワイナリーの空間を、「アルカンヴィーニュARC - EN - VIGNE」(ブドウが繋ぐ人のアーチ)と名づけたのです。

と、まずは新しいワイナリーの名前の説明からはじめたのですが、どうもこの名前は覚えにくいと、あまり好評ではありませんでした。せっかくヴィラデストという名前を覚えたのに、こんどはアルカンヴィーニュですか。スミマセン、造語ばかりで。「空き缶ビール」とか「熱燗ビール」なら覚えやすい、という意見もありました。でも、アルカンヴィーニュですから。

官能審査委員会　0608

アルカンヴィーニュで、長野県原産地呼称管理制度の官能審査会がおこなわれました。長野県では十数年前から原産地呼称管理制度を導入し、ワインとシードル、日本酒と焼酎、コメなどについて、まずきちんと基準を守って県内で生産されているかどうかをチェックした上で、官能審査

（テイスティング）で味のレベルを確認して、合格と判定されたものだけを認定しています。ワインの官能審査は、最近2年間は東京の田崎ワインサロンでおこなわれてきました。委員長の田崎真也さんをはじめとして官能審査委員の大半が東京在住なので、もともとは長野市内でやっていたのですが、最近は時間短縮のため東京開催が続いていました。が、本来はやはり県内でやるべきことだろうと、アルカンヴィーニュが無償で場所を提供することにして、今回から会場を県内に戻してもらいました。

官能審査の出品点数は、約50点。審査テーブルの上にずらりとテイスティンググラスを並べ、首のところまですっぽり包んでラベルを見えなくしたワインを、サービスの係が次々に注いでいきます。審査員はそれらを素早くテイスティングして、間髪を入れず審査シートに点数を書き入れます。その速さたるや見事なもので、サービス側もフルスピード。まるでスポーツの大会を見ているようでした。さいわい大きなミスもなく、無事に終わってホッとしました。

さる大物投資家が…… 0609

銀行関係者の紹介で、さる大物投資家が率いる企業グループの代表が、ヴィラデストを訪れました。この地域のワイン産業に投資したい、という話です。日本ワインというのは本当に有望なのか、NAGANO WINE の将来性はどうか、千曲川ワインバレーは発展するか。私が本に書いたようなことを、本人の口からたしかめたい、ということのようでした。

資金はいくらでもあるので、地域に貢献するような投資をしたい、という、たいへん結構な話なので、それなら、とりあえず数億円の資金を投じて「千曲川ワイン財団」とでも名づけた組織をつくり、新規就農やワイナリー開設の支援をなさったら如何でしょう。就農者が自立できるまで奨学金を支給するとか、開業資金を援助するとか。

アルカンヴィーニュも援助してほしい……と、喉から手が出そうになりましたが、乗っ取られても困るので、やめておきました。

シンポジウム　0613

マンズワイン小諸工場で、小諸市と明治学院大学が共催するシンポジウムが開かれました。小諸といえば、「小諸なる古城のほとり……」で有名な島崎藤村と縁のある町ですが、明治の文豪・島崎藤村は、明治学院大学の出身なのだそうです。私は東京にいたときは白金にある明治学院大学の近くに住んでおり、信州に引っ越してからは小諸のすぐ近くの軽井沢や東御市で暮らしてきたのに、申し訳ないがこのことをまったく知りませんでした。

というわけで、大学と市は定期的に共同で学術的な催しをおこなっているそうです。今年は「ワイン法」の権威である法学部の蛯原健介教授を中心に、日本ワインと地理的表示をテーマに、関係者が集まって議論しました。私も基調講演とパネルディスカッションに参加しましたが、登壇したメンバーも会場の聴衆も、難しい法学的な議論はさておいて、日本ワインの可能性と、この地域への小規模ワイナリーの集積について話題が集中しました。

私が例によって、人生の途中からワインづくりに挑もうとする移住者を支援している話をしたところ、飛び入り参加のワイン界の重鎮から反論がありました。ワインはそんな簡単にできるものじゃない。ワインが好きだからワインをつくりたいだなんて、そんなチャラチャラした考えでやられては困る。大手のメーカーは、企業の存続をかけて努力しているのだ。だいいち、東京では世界中のメーカーが１０００円をめぐって烈しい価格競争をやっている。君たちはそこに割って入る覚悟があるのか。

会場には、新規参入希望者やアカデミーの生徒もいっぱい来ていましたが、突然の烈しい剣幕にビビッていました。が、彼らはワインが簡単につくれるものでないことはわかっていますし、決してチャラチャラした考えでやっているわけでもありません。それどころか、覚悟を決めてそれまでのキャリアと収入を捨て、人生を賭けてこの道に入ってこようとしている、大企業と違ってなんの支えもない、徒手空拳の挑戦者たちなのです。それに、私たちはそもそも1000円台の競争に割って入ろうとは思っていません。彼らの思いと物語に賛同して、3000円でも買ってくれるような人たちを相手に、自分の生活が成り立つだけの収入があればよい、と考えているのです。と、私はワインにおけるマーケットの多様性を説いて、彼らに代わって反論しました。

たしかに内輪だけで話をしていると、どうしても「マイクロワイナリー万歳」みたいな話になりがちですから、世間にはこういう冷たい見方もあるのだということを、ときには知る必要があります。それを知った上で、自分の立場を明確に説明できる表現力が、彼らのワインのブランディングとマーケティングに求められているのです。敢然と立ち上がって厳しい意見を述べたワイン界の重鎮は、そのあたりのことも先刻承知で発言されたのでしょう。もちろん私とも旧知で、年に何回も会っていっしょにワインを飲む（というか、ワインを奢ってもらう）間柄です。オープンな場で忌憚《きたん》なくこういう意見を交わせるのが、ワイン界のよいところだと思います。

これまで海外原料を混ぜた安いワインを大量につくってきた大手メーカーと、ブドウから育てて真っ当なワインをつくろうとしている小規模なつくり手とは、うまく意思疎通ができていないことはたしかです。また、古くから正統的とされる醸造を学んできた人と、最近の自然派のトレンドに棹差す人とでは、同じ醸造家でも意見が別れるのは当然でしょう。シンポジウム終了後、みんなで楽しくワインを飲みながら、こういう場がもっと増えることが必要だ、と感じました。

田んぼの石垣　0615

日本のどこの田舎に行っても、目の前の田んぼを指差しながら、地元の農家は口を揃えて「そのうちこの半分はなくなるよ」と言います。20年後といわず、10年後でも、そのくらいに減っているかもしれません。では、使われなくなった水田はどうなるのでしょうか。

先月あたりから、カルビー元社長の松尾雅彦氏が、何回か長野県に見えています。香りの研究で有名なコーネル大学の教授を招いて講演会を開いたり、ご自身でも、かねてから提唱している「スマート・テロワール」（美しく強靭な農村自給圏）について語る催しを開くなど、精力的な活動を展開していらっしゃいます。ポテトチップスで実現した農地の集約と地産地消、美しい農村風景の実現を長野県で進めるには、ワイン産業が有望ではないか、とお考えのようです。きょうは、ヴィラデストでじっくり2時間近く意見を交換しました。

松尾雅彦氏は、水田の跡地は石垣を取っ払ってなだらかな畑か放牧地にするべきだ、と主張しています。「日本で最も美しい村」連合のリーダーのひとりでもある松尾氏は、ワインぶどうの畑を広げることで田んぼの石垣を壊せないか、と私に問いかけました。このままでは下から斜面を見上げると石垣と雑草しか見えなくなる。なだらかな広い丘陵にワインぶどうの樹列が並べばどんなに美しいか。

ヴィラデストでも一部の畑は水田の跡地を借りてつくっています。水田だった土地は脇に水路があったり地下の水位が高かったりして、湿気を嫌うブドウには難しいことも多いのですが、それでも排水管を設けるなどすれば十分ブドウ畑として使えます。が、やはり石垣による段差が問題で、地主さんが壊すことを望まないので、平らな田んぼの跡の畑をひとつひとつ、トラクターが出たり入ったりしながら耕しています。もし石垣を壊すことができれば、1枚の大きな面積の畑として、能率もよく、見た目も美しく、気持ちよく仕事ができるので、松尾さんの構想には大賛成なのですが……。

松尾さんからは、「日本の田んぼの石垣を壊すのがぼくのライフワークだ。いっしょに戦線を組みましょう」と誘われたのですが、これって、誰に頼んで何をどうすればよいのか、いまのところ私にはよいアイデアが浮かびません。

いくつかのアイデア　0624

最近、ワインといえば東御市……というイメージが広がってきたせいか、どうやらこの地域は新しいワイン産地として発展しそうだから、ホテルを建てることを考えているとか、レストランをつくりたいとか、そういう相談に県外から企業関係者が訪れることが増えました。

空き家を改造して一般に貸し出せるような事業をやりたいとか、ゴルフ場をワイン畑にしてはどうかなど、さまざまなアイデアも寄せられています。東京のあるレストランのオーナーは、将来引退したらこの地域に住みたいので、いまからブドウ畑を用意して、ゆくゆくはその傍らにワイナリーとレストランをつくって余生を楽しみたい、といって相談に来ました。

まだ、どれも構想……とまでも行かない、思いつきのような段階の話に過ぎません。このうちの、いったいいくつが具体的な事業として実現するでしょうか。

その可能性は、アカデミーの受講生たちが理想のワイナリーの建設までたどり着けるかどうか、という可能性といい勝負だとは思いますが、案外その両方とも、最初の例が実現するまでには思ったほど時間はかからないような気もします。

除草ロボット　0630

昨晩NHK・BS1で放送された『奮闘！日本人〜エキサイト・ヨーロッパ〜』という番組で、ヨーロッパに草刈機を売り込む仕事をしている日本人を取り上げていました。その中で、ほんのわずかな時間ですが、自走型の円盤型草刈機が映っていました。

かねてからヨーロッパでは「ルンバ」のような除草ロボットが実用化されていると聞いていたのですが、まだ見たことがありません。これがその機械かどうかはわからないのですが、走る範囲はGPSで確定できるので、決められた畑の中を勝手に動いて草を刈る優れものらしい。なにしろブドウ畑の仕事の半分以上は草刈りなので、こんな機械があったらラクなのに……と、ずっと気にかけていたのです。

テレビの映像では、ゴルフ場のような芝生の上を走っていました。ちょっと華奢な印象なので、ブドウ畑のラフな下草に通用するかどうか。でも、機体に複数のセンサーをつけてラジコンで操縦すれば、ブドウの樹の根元をぐるりとまわって雑草を刈り取ることも可能でしょう。

掃除機の「ルンバ」も、もともとは地雷除去ロボットの技術を応用したものだとか。地雷が埋まった荒れ野を探索できるなら、ブドウ畑くらいなんでもないはずです。日本のメーカーが、その技術力で安価な除草ロボットを開発してくれるといいのですが。

チラッと映ったこの機械の表面に書いてあったロゴを読み取り、ネットで調べたらメーカーがわかりました。以下がそのホームページです。

http://www.robotmower.org/robot-mower/bigmow/

日本ワイン　0703

日本ワインが好きな愛好家のひとりが、自分がいつも通っている地元の居酒屋（ビストロ?）に、ぜひ置きたいからといってヴィラデストのワインを何種類か買っていきました。店のご主人は気に入ったようで、それから定期的に仕入れてくれることになりました。そのきっかけをつくってくれた愛好家から送られてきたメールを紹介します。

「店の常連さんたちの意見は、いまのところ2つに割れているようです。とても素晴らしい、日本でもこんなワインができるのか、という人たちも多い一方、微妙だなぁ……という感想を漏らす人もいるとか。きっと、そういう常連さんたちは、これまで強い味の欧米のワインしか飲んだことない人たちだと思います。そういう意味では、優しい心に染み入る日本ワインの経験がまだ浅い人たちのようですが、でも、そのうちに彼らも日本ワインにハマって来ると思っています。私が10年前にそうだったように……」

時代遅れ　0704

バブルの頃に高いワインをたくさん飲んでいた人たちは、いまでも「カベルネ・ソーヴィニヨン信仰」から抜け出せていないようです。日本では、ワインを食事といっしょに、ではなく、ワインだけを単体で飲むケースが多く、その場合は、パワフルな存在感のあるワインを「酒として」求める……という傾向があったからでしょう。

バブルの頃は高価なワインをこれ見よがしに飲むオジサンたちが主役だったのに対し、最近のワイン消費の中心は女性で、リーズナブルな価格帯のワインを食事といっしょに楽しむ人も多くなりました。ワインが一過性のブームからそろそろ日常に根を下ろす時代に入ってきて、「健全な消費者」が増えた、ということでしょうか。

世界的にも、和食がこれだけの広がりを見せているように、食事もワインも軽いもの、優しいものが求められるようになり、パワフルなカベルネの赤よりもエレガントなピノの赤、あるいはデリケートな香りの白ワインなどへ、嗜好がシフトしてきています。

男性の中には、いまだに「メルローはできてもカベルネ・ソーヴィニョンができないから日本ワインはダメだ」という人がいますが、そういう人は早く「時代遅れ」から卒業して、「優しい心に染み入る日本ワイン」がわかるようになってほしいと思います。

広域ワイン特区　0706

かねてから申請中の「千曲川ワインバレー（東地区）」特区が、正式に認定されました。2008年にワイン特区を取得した東御市の呼びかけで、2013年から15年にかけて相次いで特区となった坂城町、上田市、小諸市に加えて立科町、青木村、長和町、それに千曲市が参加して、たがいに隣接する4市3町1村の全域を対象とする広域ワイン特区が成立したのです。

8市町村による協議会が発足して広域化の準備をはじめ、申請にまで漕ぎつけたことは知っていたのですが、正式に発足したことを確認していませんでした。いつも県内のニュースは信濃毎日新聞でチェックしており、ワイン関係の記事は切り抜いて保存するようにしているのですが、広域ワイン特区認定のニュースはうっかり見落としてしまった……か、あるいは載らなかったのか？　7月には決まるはずなのにどうしたのか、と思ってネットで検索したら、6月30日付で認定されていたことがわかりました。

ワイン特区が広域化して、32万人の人口を抱える地域がひとまとまりになることは、今後の地域の発展にとってきわめて大きな意味をもちます。小規模ワイナリーの集積、投資環境のインフラ整備、観光産業へのインパクトなど、千曲川ワインバレーの産地形成が本格的にテイクオフするための重大なターニングポイントになると見て、長野県の信州ワインバレー構想推進協議会も一昨年からこの計画の実現を複数の市町村に対して要請してきました。

それが、今春になって急速なペースで進んだのはよろこばしい限りなのですが、なんとなく、呼びかけた当の東御市を含めた行政も、またメディアも、その重要性を本当に理解しているのか、いまひとつ反応が鈍いように感じるのはなぜでしょうか。正式認定となった日には、地域のワイン産業の未来とその長野県経済への影響について、信濃毎日新聞で大特集が組まれてもよいと思うのですが……。

同じく6月30日付の信濃毎日新聞で私の目に飛び込んできたのは、メルシャン社が塩尻に新しいヴィンヤード用地を確保した、というニュースでした。塩尻市の協力で地元に農業法人を組織し、市内で7ヘクタールの農地を借りることになったそうです。日本ワインの消費拡大にともなって、同社は全国でブドウ栽培を進めており、全国で60ヘクタールまで栽培面積を増やす計画だ、と新聞には書いてありました。

メルシャン社は上田市の千曲川左岸にも「マリコ（椀子）ヴィンヤード」という20ヘクタールを超えるブドウ畑を持っているので、今回の塩尻市への進出で同社の長野県におけるブドウ栽培はいっそう拡大することになります。山梨県に本拠を構える業界のトップリーダーが、長野県の良好な栽培環境を高く評価していることがわかります。しかし、メルシャン社は長野県内に醸造施設を持っていないので、長野県で収穫したブドウはすべて山梨県に運んで、勝沼（甲州市）にある同社のワイナリーで醸造するのです。私たちは、また上田市も、以前から椀子にワイナリーをつくってほしいとお願いしているのですが、いっこうに実現する気配がありません。

産地表示　0707

今年（2015年）中に、国税庁の告示によりワインの表示基準が変わります。100％日本国内で栽培された原料ブドウを使ったものしか「日本ワイン」と表示してはいけない、という決まりができ、「日本ワイン」という呼称が正式に認められるのです。と同時に、海外原料を使用して国内で製造したワイン（従来は「国産ワイン」と表示されてきたもの）は、「濃縮果汁使用」とか、「輸入ワイン使用」とか、表ラベルに明示しなければならなくなります。

いま、ワイン界では、表示基準の改正と、地理的表示をめぐる議論がさかんです。地理的表示というのは、農産物を生み出す土地の特性を評価し、それをつくり出した歴史とそれによって生まれた価値を守る、という考えを背景としたもので、特定の農産物に対する地理的な名称（産地名）を知的財産として保護する制度です。ヨーロッパのワインやチーズの名産地では、中世からそのような取り組みがおこなわれてきました。

遅ればせながら日本も、世界各国に倣ってこの仕組みを取り入れようとしているのですが、たとえば長野県が地理的表示を導入して、「長野県内で栽培したブドウを長野県内で醸造したワインだけをＮＡＧＡＮＯ ＷＩＮＥと呼ぶ」、あるいは「桔梗ヶ原で栽培したブドウを桔梗ヶ原（ないしは塩尻市）で醸造したワインにしか、桔梗ヶ原の名をつけてはいけない」と決めたら、どうでしょうか。まだ時期はわかりませんが、そう遠くない将来に、長野県はそういう申請をするのではないかと思います。

桔梗ヶ原メルロー　0708

「桔梗ヶ原」は塩尻市にある標高700メートル前後の高原で、五一わいんの林農園が日本で初めて上質なメルローの栽培に成功した土地として知られています。「桔梗ヶ原メルロー」といえば、いまでは世界的にも名の通ったブランドになっており、そのため長野県の「信州ワインバレー構想」でも、塩尻市は「桔梗ヶ原ワインバレー」を名乗っています。

桔梗ヶ原の名が世界に広まったのは、1989年に「シャトー・メルシャン信州桔梗ヶ原メルロー1985」が、リュブリアーナ国際ワインコンクールで大金賞をとったのがきっかけです。メルシャン社は1976年から桔梗ヶ原でメルローの栽培に取り組んでおり、そうした縁からか、同社は五一わいんから「桔梗ヶ原メルロー」の名を譲り受けて商標登録し、現在も桔梗ヶ原のメルローを使った「シャトー・メルシャン桔梗ヶ原メルロー」を山梨県で醸造しています。

今回の表示基準の改正では、長野県内で醸造しなくても長野県産の原料ブドウを使っていれば「長野メルロー」とか「高山村シャルドネ」とか名乗ることは許されることになりそうです。しかもメルシャン社の場合はきちんと商標登録を取っているのですから、醸造地が山梨県であっても、堂々と長野県の地名を使って「桔梗ヶ原メルロー」と名乗ることができます。が、逆に、桔梗ヶ原にある長野県のワイナリーが桔梗ヶ原のメルローを100％使ったワインをつくっても、「桔梗ヶ原メルロー」を名乗るには山梨県にあるメルシャン社の許諾が必要、ということになります。

ワインは畑の傍らで　0709

商標登録の権利と地理的表示による保護の、どちらが優先するかについては世界各国で争われているようですが、長野県が地理的表示を導入するかどうかに関係なく、ワインの産地の概念に対する理解が深まって、ワインはブドウ畑の傍らでつくるもの、という「農業としてのワインづくり」が多くの人の共感を呼ぶようになれば、おそらくメルシャン社は、長野県内に自社ワイナリーをつくって、この「ねじれ」を解消する道を選ぶのではないでしょうか。

そのときに、「桔梗ヶ原メルロー」というブランドの価値を考えて塩尻市桔梗ヶ原に新しいワイナリーを建てるのか、それとも、上田市椀子に新しいワイナリーを建てて「マリコ」を世界のブランドに育てるのか……「千曲川ワインバレー」の住人としては、後者の選択を期待したいところですね。

おいしい信州ふーど大使　0711

一昨日、東京にある長野県の発信拠点『銀座NAGANO』で、長野県の「おいしい信州ふーど大使」委嘱式がありました。「おいしい信州ふーど（風土）」というのは、信州の農産物とその加工品について、信州人みずからがその素晴らしさに気づき、それらを大切に育てながら日常の暮らしの中で味わい、「こんなにおいしいのだからみなさんもぜひ召し上がってください」といって日本や世界の消費者に紹介する……という取り組みです。そのために農産品のPRをする、そして、それらの品質向上のためのアドバイスをする役目が、「おいしい信州ふーど大使」なのです。

昨日紹介された新任の大使は、ワイン大使の鹿取みゆきさん、日本酒大使のジョン・ゴントナーさん、料理大使の岸本直人さん。それに従来から役目を担っているスイーツ大使の鎧塚俊彦さんとプロデューサー役の私が加わって、阿部知事から委嘱を受けるセレモニーがおこなわれました。もちろん、長野県を代表するワインと日本酒、それに岸本シェフのおつまみとトシ・ヨロイヅカのお菓子が振舞われ、おいしくて楽しいお披露目会になりました。

とくに、ワインと日本酒をそれぞれグラスに注ぎ、同じ料理を食べても飲むお酒でどう味わいが違ってくるか、較べながら試飲したのが面白かった。すでにフランスなどでもそういう試みがおこなわれていますが、これからはコース料理で両方のお酒を楽しむ人が増えてくるかもしれません。日本酒と日本ワインを海外に売り出すには、共同戦線を張るのがよさそうですね。

ビジネスチャンス　0713

千曲川ワインバレー地域のワイン産業に投資したい、といってやってくる企業が多いことは前にも書きましたが、私の話を聞き、周辺のワイナリーを視察して、あたりにどんどん増えているブドウ畑を見ると、たいがい前向きな気分になって帰っていきます。

が、本社に帰って役員会議にかけると、「本当に日本ワインはこれから伸びるのか」と会社のトップから疑問が出され、そこで参入計画がストップしてしまうケースがいくつもあります。ある程度の年齢から上の人たちは、日本ではロクなワインができない、と思い込んで育ったので、話を聞いてもピンとこないのだと思います。

日本ワイン農業研究所では、ビジネスサロン会員を募集しています。ビジネスとしてこの地域のワイン産業に参入することに興味を抱く企業を対象に、会員としてビジネスサロン講座に参加したり、実際のヴィンヤードを見たり、グロワーズ（新規就農者）から話を聞いたり、ワイン会でさまざまな情報を交換するなど、何度も足を運んで現地の実情をよく理解してもらってから、具体的なプロジェクトの相談に乗りましょう、というのが私たちのスタンスです。

千曲川ワインバレーが新しい産地としてブレークするには、民間企業による投資が欠かせません。できるだけ多くのバラエティーに富んだ企業にビジネスサロン会員になってもらい、そこから地に足のついた企画が生まれれば、この地域はめざましい発展を遂げることになるでしょう。昔の日本のワインしか知らない会長や社長がいる会社は、みすみすビジネスチャンスを逃すかもしれません。

農業ビジネス　0714

農業関係者は、企業が農業ビジネスに参画する、というと、警戒感をあらわにします。もともと農家は独立自営の気運が強く、土地との永続的な繋がりの中で生きてきたので、人を交代させることで組織を維持し、存続のためには移転や撤退さえ厭わない企業経営とは、相容れないところがあります。

が、農家も血縁のない後継者に耕作をまかせることや、企業的な視点を営農に持ち込むことを考えなければならない時代です。また企業のほうも、ビジネスとはいえ農業の特性を理解せずに着手しても成功に至らないことは、すでに理解しているのではないでしょうか。

とくにワイン事業は、儲かりそうだから、と思ってはじめるものではありません。そう思ってはじめても、おそらくうまくいかないでしょう。もちろんワインづくりは道楽ではなく、きちんとした収益が上がる持続可能な事業ですが、そこにはなによりもワインや農業に対する深い理解と思い入れが必要で、そうした情熱がなければ、いくら大金を投資したとしても成功はおぼつかないと思います。

ワイナリーに投資したい、レストランをつくりたい……いま、いくつもの企画や提案が持ち込まれていますが、そうした背景を考えると、その中のいくつかは今後何年かの間に自然に淘汰され、地域にとって本当に必要なものだけが残っていくのではないかと私は期待しています。

新しい参入者　0716

カフェに顔を出すと、知り合いが来ていました。東京で会社を経営しながらラジオのパーソナリティーをやっている方で、そのラジオ番組に出演したとき、収録が終わると、実はプライベートなことで相談があって……と計画を聞かされました。彼は60歳を過ぎているのですが、出身地の北海道で仲間といっしょにブドウ栽培をはじめたい、というのです。

彼がやりたいという場所は道東の相当寒いところなので、とにかく北海道でブドウを栽培している人に事情を聞いてはどうですか、といって何人かを紹介したのですが、それからしばらく連絡がないと思ったら、突然ひょっこりとあらわれて、もう苗木は手に入れました、という。北海道ワインから寒冷地用の品種を頒《わ》けてもらったとのこと。着々と準備が進んでいるようです。

カフェには2人で来てランチをしていきました。連れは40代くらいの男性で、この人は宮城県でブドウ栽培をはじめるそうです。宮城県では仙台郊外の秋保温泉でワインぶどうを育てている人がいて、すでに「仙台秋保醸造所」という会社ができていますが、その近くに、また別のヴィンヤードをつくるらしい。二人で東御市近辺の畑とワイナリーを見に来て、明日は北海道に飛ぶといっていました。

NUKAJI 0720

おもに長野県内で販売されている（東京でも一部の書店で取り扱い。もちろんオンライン注文もできます）『KURA』という雑誌（ヴィジュアル情報誌）に、『玉さんの信州ワインバレー構想レポート』という原稿を連載しています。県内の各地を訪ねてそれぞれのワイン事情を報告するものですが、最新の2015年8月号（7月20日発売）は、「いまNUKAJIが面白い」と題した小諸市の糠地地区からのレポートです。

東京からクルマで信州に入ると、軽井沢町、御代田町、小諸市、東御市……という順に町と市が続きます。これらの市町は、新幹線と上信越自動車道にほぼ並行しながら走る「浅間サンライン」という広域道路で結ばれているのですが、糠地は小諸市の西端、東御市との境の手前をサンラインから山側に入った高原地帯です。

昭和30年代後半から40年代にかけては、「信州学生村」として涼しい高原で受験勉強をしようとやってくる学生で賑わったところで、いまでも何軒か民宿が残っていますが、標高800メートルから1100メートルに至る広大な丘陵地帯は、養蚕のための桑畑がなくなって以来、大半が荒廃したままになっていました。その糠地が、近い将来、新しいワインリゾートして脚光を浴びるのでは？……というのが今回のレポートの趣旨なのです。

北アルプスと富士山を望む高原の天辺には大きなヴィンヤードができつつあり、そのほかにもすでにブドウ栽培をはじめた人や、これからはじめようとする人が何人もいます。地元の方で長い年月をかけて見事なイングリッシュ・ガーデンをつくりあげた人もいれば、アメリカに住んでいたビジネスマン夫妻が、ネットを見ていてたまたま開いたサイトで売り家を見つけ、長年の海外勤務で集めた家具やガラスのコレクションを置けるような大きな家はほかにないだろう、と即断即決、アメリカから飛んできてすぐその家を買い、いったんアメリカに帰ると会社に辞表を出して、糠地に引っ越してきたその翌月にはミュージアム・レストランを開く……という、話を聞いているだけで楽しくなってしまう人もいます。

多士済々、それも60歳代のガッツとバイタリティーに溢れた人たちを中心に、若い人がそのまわりに集まり、ヴィンヤードにワイナリー、ガーデン、レストラン、オーベルジュ……と、さまざまな施設が揃う新しい田園リゾート〈NUKAJI〉をつくり出していくのではないか、というのが私の予感です。

メルシャン美術館跡地　0721

軽井沢町の追分から上田市の住吉まで続く「浅間サンライン」は、千曲川を見下ろすなだらかな起伏が長く続く、景観がよく信号の少ない広域道路として人気があります。軽井沢の別荘に滞在する人の中には、浅間サンラインをドライブして軽井沢とはまったく違った雄大な景色を楽しむ人も多いようです。私たちは、軽井沢まで訪ねてきた人たちに、ちょっと足を延ばして、千曲川ワインバレーの風景とワインを楽しんでもらいたいと思っています。

この地域で観光に携わる人たちの中には、浅間サンラインを「ワイン街道」として売り出したいと考えている人が多いようです。まだ道路沿いにワインぶどうの畑はありませんが、いずれ新幹線や高速道路から見上げることができる広大な南斜面にヴィンヤードができれば、浅間サンラインは名実ともにワインバレーのメインルートになることでしょう。

そうなると、地政学的に重要な位置を占めるのが、御代田町にある旧メルシャン軽井沢美術館の跡地です。ここはもともとオーシャンウィスキーの蒸留工場で、1995年から美術館が併設され、アルポルトの片岡護シェフが手がけるイタリアンなども人気でした。が、2011年に惜しまれつつ閉館し、その後、フランス人建築家ジャン＝ミッシェル・ヴィルモットの設計した美術館ほか白樺林の中に点在する18棟の建物は、使われないまま廃墟のように放置されていました。

私たちワイン関係者は、意外に安い値段で売りに出されているという噂を聞き、どこか志のある企業が買収してワインに関連する事業をやってくれれば……という期待を抱いていたのですが、結局、合計2万8677平方メートルの土地は、建物ごと1億820万円で御代田町土地開発公社が買収したそうです。

いまのところ、御代田町は、この土地に町役場の新庁舎を建てる意向とか。近くにある町役場が老朽化しているから、というのですが、文化財的な価値のある産業遺跡と考えれば、もっとよい活用のアイデアがあるのではないでしょうか。いずれにしても町役場だけでは使い切れない広さでしょうから、せめて一部の建物を利用するなどして、ワイン街道のスタート地点にふさわしい施設をつくってもらいたいものです。

ポータルサイト　0722

千曲川ワインバレーに投資をしようと考える企業は県の内外にわたっていますが、足もとからも、この地域の変革期に参加しようという声が上がりはじめました。

たとえば、東京で16年間イタリアンの繁盛店を経営してきた地元出身の女性が、料理人の夫君とともに故郷に戻ってきて、しなの鉄道の駅の近くにワインバーを開きたい、といって相談に来ました。地元のワイナリーがつくるワインを揃えて、みんなが集まって気軽に飲めるような店をつくりたいという、願ってもない話なので、なんとか実現するようあちこちに声をかけたいと思っています。

あるいは、移住して農業をはじめた仲間たちを中心に集まったグループが、高速道路のインターの近くにある使われなくなった大きな建物を借りて、ワイナリー観光に来るお客さんを案内するインフォメーション・センターや、移住を希望する人たちに情報を提供するサポート・センターをつくりたい……という計画を立てています。

しなの鉄道の駅前にせよ、高速道路インターの出口にせよ、市外や県外から来る人が最初に接する、「東御ワインシティー」の玄関口となるような施設が必要なことはたしかです。インターネットの世界では、ウェブにアクセスするときの入り口となるさまざまなコンテンツを用意したサイトを「ポータルサイト」といいますが、東御市を中心とした千曲川ワインバレー東地区というリアルの世界でも、いくつかの「玄関口となる場所(ポータルサイト)」があればどんなに便利でしょうか。

まだいずれも、思いだけが先行した頭の中の計画に過ぎませんが、こうした声が地元の若い世代から上がってくるようになったことは、次のステップへの期待を抱かせます。

東御ワインフェスタ　0724

今年の「東御ワインフェスタ」は、9月5日(土)に「ラ・ヴェリテ」で開催されることが決まりました。「ラ・ヴェリテ」は農協が運営する結婚式などができる施設で、しなの鉄道の田中駅からは歩いて行ける距離にあり、田中の商店街にも隣接しています。東御市内にあるワイナリー各社を中心にしておこなわれる年に一度のフェスタ(ワイン祭り)は、最近の3年間は東御市の文化会館をメイン会場に、ワイナリーめぐりの巡回バスを仕立てるなど2日間にわたる大型イベントとして催行してきました。が、今年は農協や商工会と連携した、より地元に密着したワイン祭りになりそうです。

ワイン生産が増えるにつれ、長野県内でもあちこちでワイン祭りが催されるようになりました。中にはマンズワイン小諸工場の収穫祭のように、1万人規模の来場者がある大きなイベントもありますが、東御市の場合は小規模なワイナリーの比較的高価なワインと、まだ自分の醸造施設を持っていないワイングロワーたちの委託醸造ワインが中心になるため、有料で試飲してもらうと来場者が使う金額が高くなってしまいます。かといって特別値段でサービスすれば、ワイン提供者にとって重い負担になる。このジレンマは、小規模ワイナリーが増えている長野県にとって、大きな問題になっています。

質素な祭りにして値段を抑え、地元の人になるべく多く来てもらいたいと考えるか、値段が高くてもあまり気にしない東京・首都圏からのお客さんをターゲットに華やかなイベントを企画するか。両方のバランスがうまく取れればそれに越したことはないのですが、いずれにしても、永続的にこうしたフェスタを続けていくためには、行政からの補助金に頼るのは限界があり、一般企業から寄付なり協賛金なりを募る必要が出てきます。が、いまのところ、花火大会に寄付をする企業は多くても、ワインフェスタに寄付をしようという企業はほとんどいないのです。

東御ワインフェスタが3年間にわたって比較的大型のイベントを組むことができたのは、「地域発・元気づくり支援金」という補助金を県からもらっていたためです。が、この補助金の支給は3年が限度なので、今年からは自腹を切ってやらなければならなくなりました。さいわい今年のフェスタでは、東御市を代表する企業である株式会社ミマキエンジニアリング様にメインスポンサーになっていただけそうなのでなんとか開催の目処が立ちましたが、それでも去年より大幅に経費を削減しなければならないため、会場も規模も縮小することにしたのです。

会場の変更にはそうした背景があるのですが、地元の農協や商工会、商店街の各店などとの密接な連携をして催す今回のフェスタは、これからの方向性を示すターニングポイントになるのではないかと私は考えています。これから東御市内にワイナリーがもっと増え、地元の市民が日常でワインに親しむ機会がもっと多くなってくれば、ワインフェスタは地域を挙げてのお祭りのような催しになっていくでしょう。そのときは、地元のお祭りや花火大会に寄付をするように、多くの企業がスポンサーとして名乗りを上げてくれるのではないでしょうか。

4年前は、市が音頭を取ってフェスタを開催しました。その後の3年間は、市内のワイナリーの主導でフェスタが運営されました。今年をきっかけに、これからは、地域の住民がフェスタの主役になる時代がくるのでしょう。

ワイン醸造学科　0725

フランスやアメリカはもちろん、オーストラリアでもニュージーランドでも、ワイン産業が発展する国にはかならずワイン醸造学科を持つ大学があり、そのほかに実践的な技術教育をする専門学校や職業訓練学校があります。ニュージーランドでいえば、専用の圃場《ほじょう》と醸造施設をもつリンカーン大学が研究と教育の中心となり、そのほかに複数のポリテクニックという技術教育の専門学校があって、両者が役割を分担しながら栽培醸造家やワイナリー経営者を育てています。

現在アルカンヴィーニュで開講している「千曲川ワインアカデミー」は、現場で役立つ実践的な教育をおこなう「ポリテクニック」の方向をめざすものですが、こうした民間アカデミーができた次の段階としては、地元の大学にワイン醸造学科を設置して基礎研究と学生教育をおこない、さらには学際的な研究活動を官民協働で推進して、地域の発展に繋げていくことが重要になります。「エクステンション」とか「アウトリーチ」とか呼ばれる、大学が積極的に地域に乗り出しておこなう啓発・教育活動がワイン産業の定着に貢献し、地域の経済的・文化的な発展に大きく寄与することは、たとえば米国ニューヨーク州におけるコーネル大学などの例を見ても明らかです。

私は、「シルクからワインへ」という物語にふさわしく、上田市にある長野大学か信州大学の繊維学部に、日本で初めてのワイン醸造学科をつくってほしいと願っています。

信大大室農場　0726

上田市内にキャンパスがある信州大学の繊維学部は、東御市に大室農場という農場を持っています。アルカンヴィーニュのすぐ近く、歩いても行ける距離のところです。ここには農場のほかに研究施設や宿泊棟があり、かつてはクルミの研究をしていた先生が年に一度、泊まり込みで研修している学生を連れてヴィラデストに見学に来たものです。が、数年前からはそれもなくなって、いまでは一年のうちの大半は利用されていないように見受けられます。

「シルクからワインへ」の流れからいけば、信州大学の繊維学部こそ日本初のワイン醸造学科に名乗りを上げる最右翼の位置にありますが、県内数箇所に学部が分散する大きな国立大学ではそう簡単に話が進まないかもしれません。が、大室農場にはすでに立派な研究施設があり、しかも最近はあまり利用されていないのですから、その施設を活かしてワインやブドウの分析センターをつくるのはさほど難しいことではないように思えます。

収穫直前のブドウの成分分析やワインの醸造に関わる分析は、公的な機関でも受け付けているとはいえ、時間がかかり過ぎたり高価だったりして、現実には効果的な機能を発揮していないのが実情です。これからこの地域が、小規模ワイナリーが集積するプレミアムワインの新しい産地として成長するには、栽培や醸造に関わる関係者が気軽に分析を頼んだり相談に乗ってもらったりすることができる、専門知識をもった研究者と必要な機材を備えた分析センターないしは研究センターの存在が欠かせません。東御市のワイン産地の中核に位置する大室農場こそ、まさしくそのために選ばれたような場所ではありませんか。

大室農場の広大な圃場にはクワやクルミの木が植えられていますが、日当たりのよい南西斜面にはブドウの樹を植えることもできるでしょう。また、一度見せてもらったことがあるのですが、二段ベッドが並んだ部屋がいくつかある宿泊棟は、あまり使われていないのでやや古びた感じはあるものの、農業体験や宿泊研修のための利用ならいまのままでも十分使えそうです。

私はアルカンヴィーニュに行くたびに、大室農場のほうを眺めながら、あの部屋をアカデミーの講師や受講生の宿泊施設として使わせてもらえないかなぁ……といつも考えているのですが。

ワイングロワーまたひとり　0728

「いよいよ住民票を移すことにしました」といって、ヴィラデストの常連のお客さんがやってきました。彼はすでに東御市内に家を買い、週末になるとやってきて泊まっています。「なんとか土地が借りられそうなので」と明るい顔をしているのは、ようやく念願の農地が見つかったからなのでしょう。いま勤めている東京の会社はまだ辞めないが、住民票を移して農地を借り、来年の春には苗木を植えて、数年後には家族で引っ越してきて本格的なブドウ農家になるつもりです。すでにメルローとシャルドネの苗木、合計1000本は注文済み。借りられそうな土地は3反歩あまり（約1000坪）だそうですから、1000本ならちょうどよい広さです。このまま順調に地主さんとの交渉がまとまれば、また新たなワイングロワーの誕生です。

農地を求めて　0729

ブドウを植える土地を探している64歳のAさんは、B市に相談に行ったら歳をとっているから農業は無理だろうといわれたが、C町とD村では快く物件を紹介してくれた。C町もD村も住む家まで探してくれようとしているそうで、どっちにしたらよいか迷っている。

関西から移住してこのあたりでブドウ栽培をはじめたいというEさんは、F市に照準を定めて土地を探しているらしい。F市は最初、いくつかのワイナリーや生産農家がすでにヴィンヤードをつくっている条件のよい場所を奨めたが、Eさんは、みんながやっている場所は嫌だ、自分だけの世界を表現できる、ほかの人と離れたところがよいといっている。

本人から、あるいは周辺から、そんな情報が毎日のように入ってきます。将来は自分の理想とするワインをつくるためのワイナリーを建てたいが、それにはまずブドウ畑をつくらなければならない。ブドウ畑をつくるには、とにかく農地を買うか借りるかしなければ……と、千曲川ワインバレー東地区だけに限ってみても、アカデミーの生徒も含めて相当の数のワイングロワー予備軍が、農地を求めて奔走しています。

新規参入を阻む壁　0730

いま、日本中の田園地帯はどこも荒廃地ばかりですが、それでも新規参入希望者が使える農地はなかなか見つかりません。誰も使う人がいなくても、売りたくない、貸したくない、という農家が多いからです。政府も荒廃地対策を重視し、税制を変えるなどして使わない農地を放出させようとしていますが、まだ実効は上がっていません。それに、「使われていない農地をやる気のある農家に集約して使わせる」のが基本的な方針なので、既存の農業法人などが耕作面積を拡大するためには役立ちますが、これから農業に参入しようとする人たちは蚊帳の外なのです。

今日これだけ遊休荒廃農地が増えたのは、農業をやる人がいなくなったからです。それを復旧整備して使える農地に変えたとしても、農業をやる人が増えるわけではない以上、すでに実績を挙げている「やる気のある」農家や農業法人に使ってもらうしかない、と考えるのは当然かもしれません。いくら農地を集約して規模を拡大したところで、諸外国の大規模農場のスケールとは比較にならないので、それで輸出の競争力がつくとは思えませんが、新しくやる人がいなければ、すでにやっている人に頼むしかないでしょう。

ところが、全国の中でも例外的に、千曲川ワインバレー地域には、これから農業をやろうという人たちがおおぜい集まってきているのです。アルカンヴィーニュで開講した千曲川ワインアカデミーには、北海道から沖縄まで、40人を超える受講希望者がありました。開講日は毎週火曜日と水曜日なので、遠方からでも1泊2日で参加できます。さすがに北海道と沖縄の方は遠方過ぎてあきらめましたが、現在24名の受講生の中には京都や金沢、名古屋などからの通学者がいますし、このために仕事を辞めて関西や北海道から移住してきた人もいます。みんな、実績はないが「やる気のある」新規参入希望者たちばかりです。

東御市は、県と協力して、北東部の丘陵地帯にある約30ヘクタールの荒廃農地（現在はジャングルのようになっている）を再生してヴィンヤードにする計画を進めていますが、植栽がはじまるのは順調に行っても２０１８年以降になるものと思われます。この土地は新規就農者にも使ってもらえるような仕組みになると思いますが、いま土地を探している人たちは、平均年齢40歳。土地を決めてから苗木を植えるまでに約2年、収穫はその3年後。それからワイナリーを建てるまでにさらに数年……と考えると、スタートを3年も遅らせる余裕はありません。

借り手の不安　0731

新規参入者にとって、農地の取得は最初に立ちはだかる最大の難関です。農家は「よそ者」にはなかなか土地を貸してくれません。実績を積み重ねれば信用ができて貸してくれるようになりますが、たとえ公的な機関や地元の農家からの紹介があっても見知らぬ顔の移住者には貸すことを拒むことが多く、貸してくれる場合でも、「まず2年間くらいやってもらって、本当にやる気があることがわかったらその先も貸してあげよう」といったりします。

が、ワインぶどうの場合、土地が手に入ったらすぐに苗木を発注し、支柱を立てるなど、相当の初期投資が必要で、しかも苗木は発注しても来るのは1年半後ですから、2年経ってもなにも植えていない畑を見て、地主さんが「やる気がない」と判定するかもしれない。それで「返せ」といわれたら、初期投資をどぶに捨てるのと同じですから、怖くてとても借りられません。一般的には5年ごとの更新という条件が多いようですが、5年目といえば植えた苗木の収穫がようやくはじまろうとする時期ですからもっと心配になります。農地の賃借でも原則として使用者の権利が尊重されるとはいえ、全国的に見れば実際に「貸し剥がし」がおこなわれる例も皆無ではないので、借主としては確実な保証がなければ契約できないと考えるのは当然でしょう。

AUGUST

貸し手の心配　0801

借主は「返せといわれたらどうしよう」と心配するのですが、貸主の農家の心配は別のところにあります。彼らは、「新規の人に貸しても5年経つ前に農業をやめてしまい、また畑が荒れたらどうしよう」と心配するのです。農家にとって田畑は人生の歴史そのものなので、そもそも（自分の子供以外の）他人に貸すこと自体が考えられないことであり、万が一他人に貸す場合でも、その先まで責任をもちたいと考えるようです。

以前、うちが借りた畑でもこんな例がありました。借りた畑で野菜をつくろうと、耕してから種をまき、水をやったりしていました。すると、ほぼ毎日、貸主の農家が畑を見にやってくるのです。畑の横に立って手を組み、こちらの作業をじっと見ている。で、土の中に小さな石があるのを見つけると、「うちの畑に石を入れただろう。俺は石ひとつないようにきれいに耕していたのに、なんであとから石を入れるんだ」と文句を言う。もちろん、私がわざわざ石を入れたりするわけがありません。最後は私がむりやり爺さんを追い返しましたが、農家がもつ土地への執念のようなものを強く感じた経験でした。他人に貸しても、貸した畑が気になって仕方がないのですね。

そのかわり、荒れていた土地を借りて耕し、ブドウの樹の垣根が整然と並ぶきれいな畑ができたのを見ると、「きれいにしてくれてありがとう」と礼をいってくれるのも地主さんなのです。そして一年の終わりにその年の小作料（賃借料をそう呼びます）を支払いに行くとき、その畑のブドウからつくったワインを手土産に渡すと心からよろこんでくれます。こんなふうに、自分の畑が有効に使われ、その土地での生産に自分が関わっているという意識をもつことができれば、貸した側としても納得することができるのかもしれません。

たとえば、契約は5年ごとを基本とするも、借主に瑕疵《かし》がなければ自動的に更新を認めることを原則として契約書に書く。借主も義務として永続的な耕作をすることを約束する。違反した場合は違約金を設定してもよいが、むしろ、リタイアしたあとの畑を誰が耕作するかが問題です。ワインぶどうの場合は、収穫のある成園はすぐに借り手がつくので、地主さんに対しては、かならず新しい耕作者を見つけることを約束すればよいと思います。また、その畑のブドウでワインができるようになったら年間何本かをロイヤリティーとして地主さんに渡すなど、永続的な関係が築けるような契約を、地域全体で考える必要があるのではないでしょうか。

棚と垣根　0802

ワインぶどうの畑を初めて見て、いわゆるブドウ棚がないことに驚く人がいます。山梨あたりのブドウ園にブドウ狩りに行って、頭上から垂れ下がる房を見た記憶しかないのでしょう。東御市では、名産の巨峰など生食用ブドウは棚づくり、ワインぶどうは垣根づくりと、はっきり分かれています。ワイナリーを訪ねて初めて垣根づくりの畑を見た人は、間隔を詰めて植えられたブドウの樹が同じ高さで列になって並ぶ、その整然とした美しさに誰もが感心します。

棚づくりは中国が起源とされますが、日本に伝わって全国に広まりました。ブドウの樹の幹を途中から地面と水平になるように曲げて頭上にブドウを実らせるようにした棚は、ポルトガルやマデイラや中国の一部で私は見たことがありますが、日本のような、枝葉を四方に伸ばして大きく育てた樹の全体を棚で支えるやりかたは、おそらく世界中で日本以外どこにもないと思います。

棚づくりは、地面の湿気から離れたところにブドウが実るのが利点だ、といわれたことがありますが、実際には、棚の中に湿気がこもったり、ブドウの房に日光が十分当たらなかったりするなど、マイナスの要素が少なくありません。現在は、昔からある棚を利用してワインぶどうを育てるために日当たりがよくなるような仕立てかたをするなど工夫が進んでいますが、新しく畑をつくる場合は垣根づくりにするのが常識といってよいでしょう。

棚づくりの目的は、1本の樹にできるだけたくさんの実をつけて、その重さを棚で支えるためです。それから、畑の面積を最大限に利用すること。このふたつが大きな理由であると考えて間違いなさそうです。これまでの日本の農業は、狭い面積の畑でできるだけ多くの収量を得ることが目標でしたから、棚づくりが広まったのだと思います。

垣根づくりにすると、ブドウの樹列の周囲に、トラクターが走行できるだけの道幅を取らなければなりません。トラクターは畑の用地のいちばん外側をぐるりと回ればよい（あとは樹列のあいだを走る）ので、大きな畑ならたいした割合ではありませんが、面積の小さい畑では、外周をトラクター用の道幅に取られると残り（ブドウの樹を植える面積）が少なくなってしまいます。その点、用地の四周ぎりぎりに支柱を立てる棚づくりなら、全面積にブドウを実らせることができて有利なのです。

リスクヘッジ　0804

ワインぶどうの畑を垣根づくりにするのは、狭い間隔でブドウの樹を密植して、たがいに栄養を奪い合いながら厳しく育てるためです。また、1本の樹にたくさんの房を実らせるとワインにしたときに味が薄まってしまうので、棚で大量の果実を支える必要はなく、よく日の当たる垣根づくりでそれぞれの樹に少数の房をつけるほうがよいのです。が、世界ではあたりまえのこの仕立てかたを日本でやろうとすると、農地の面積の小ささがネックになります。

日本の中山間地（平野の周縁から山間地に至るおもに里山の斜面に該当する地域）では、1軒の農家が小さな面積の畑を何ヵ所にも分けてもっていることが多いようです。ヴィラデストのワイナリー周辺のブドウ畑も、平均1000平方メートル（約300坪）程度の小さな農地を数多くの地主さんから借り集めたものです。小規模ワイナリーといっても自分の畑で育てたブドウからワインをつくろうとすれば1～2ヘクタール（1ヘクタールは10000平方メートル＝約3000坪）の畑は必要ですから、10人近くになるであろう地主さんの土地はなかなか1ヵ所にはまとまらず、結局は2～3ヵ所に分散して畑をもつことになります。

数十ヘクタールのまとまった土地が、それも驚くほど安い値段で手に入る北海道と比較すれば、長野県の中山間地の不利はあきらかです。が、たがいにそれほど離れていない場所に2〜3ヵ所であれば、分散して畑をもつのも悪くないと私は考えています。もともと、里山を利用する農業では、低くて水のあるところには田をつくり、日当たりのよい斜面には果樹を植え、山際ではシイタケを栽培するなど、少量多品種の生産を耕地の条件に応じておこなってきました。それは、効率は悪いけれども、気候や環境の変化に対するリスクヘッジにもなるのです。

地球温暖化にともなって、異常気象が頻発するようになりました。長野県に竜巻注意情報が出るなど（先週は2回も出ました）、数年前までは想像もしていませんでした。雹の被害も以前よりずっと増えました。今年も6月に降雹があり、ヴィラデストのブドウ畑は葉に穴が開いたくらいで済みましたが、リュードヴァンの畑は枝が折れたり芽が破損するなど相当の被害があったそうです。雹ばかりは、降ることがわかっても対策の立てようがなく、手をこまねいて見ているしかありません。しかも、きわめて局地的で、道一本隔てただけで降るところと降らないところが分かれるのです。3000坪（約1ヘクタール）の畑を1ヵ所にもっているのと、1000坪の畑をたがいに離れた標高の違う場所に3ヵ所もっているのと、晩霜や降雹のリスクを考えた場合どちらが安全でしょうか。

運命の土地　0805

ワインぶどうを栽培するための農地は、気候的な条件に加えて、その標高や土壌の質などが、自分がつくりたい品種に適したものであることが望ましい。そのために未来のワイングロワーたちは、与えられたわずかな選択肢の中から、自分の本拠地となる土地を懸命に選ぼうとしているのです。どこかの土地に決めて、そこに苗木を植えたら、そこでブドウの樹は50年も80年も生き続けますから、植えた人もまたそこで生涯にわたって耕作を続けていくことになります。

しかし、理想のワインをつくるための理想の土地をいかに完璧にイメージしても、その通りの土地は永久に見つかりません。もし理想に近いものがいつか見つかるとしても、そのため20年も費やしたら、残りの時間がなくなってしまいます。ですから、手持ちの時間の中で見つけたいくつかの土地の中から、納得のできるギリギリの線で妥協するしかないのです。

千曲川ワインバレー東地区の土壌は、粘土か、火山灰か、またはその両方がさまざまな割合で混ざったもの、と考えてよいと思います。ワインぶどうは粘土ではできない、という固定観念にとらわれている人も多いようですが、ヴィラデストでもマリコヴィンヤードでも粘土の畑から上質なワインが生まれています。また、火山灰の土壌で育てたブドウにはそれらしい個性がおのずから備わります。どちらが良いか悪いかではなく、土質の違いがそれぞれに特徴のあるワインを生む、ということです。

選んだ土地は、その前がリンゴ畑だったのか、ソバ畑だったのか、水田だったのか、朝鮮人参の畑だったのか……というその土地の履歴によっても肥瘦《ひそう》が異なりますし、また前の作物が何年前まで耕作されていたかによっても含まれている養分が大きく違います。それによって苗木の生長にも結実にも差が出ますが、それは時間をかけてコントロールしていくしか方法はありません。与えられた土地が自分の運命、と覚悟を決めて、しだいにその土を、自分のワインを表現するためのキャンバスに変えていくのです。

分散して畑をもつのも悪くない、といいましたが、標高も土質も養分もその他の条件もそれぞれに違う複数の畑をもっていれば、同じ品種のブドウを植えたとしても、たがいに微妙に異なる個性をもった果実が収穫できるでしょう。それらの特徴を生かしながら絶妙なブレンドを施して自分のワインに仕上げれば、複雑な構成要素を一身に備えた、他のどこにもないワインができるに違いありません。

千曲川ワインバレー東地区に根を下ろそうとしているワイングロワーのみなさんには、単一で広大な面積の畑を所有できる北海道を羨むことなく、狭い面積の畑が飛び飛びにしか手に入らない長野県の中山間地の、劣悪な（と思われている）条件を逆手にとって、世界のどこにもない素晴らしいワインをつくってもらいたいと思っています。

シャインマスカット　0807

長野県は、いまワインで盛り上がっている……と私たちは感じていますが、同じ県内といっても地域によってずいぶん事情は異なるようで、きのう、長野県ワイン協会の集まりのとき、面白い話を聞きました。北信（千曲川ワインバレー北地区）の中野市では、生食用ブドウの栽培が勢いを盛り返して、ワインぶどうの影が薄くなっているというのです。

長野県が開発した、種ナシで皮ごと食べられる白ブドウ「シャインマスカット」が大人気で、つくるそばからどんどん売れ、しかもアジアには高値で輸出もできるので、農家の収入はうなぎのぼり。年収数千万円の「シャインマスカット長者」も珍しくないそうです。これじゃあ、ワインぶどうなんかバカバカしくてつくっていられない……。

中野市はもともと農業の盛んなところで、エノキダケなどキノコの生産でも有名ですし、かつては東御市（東部町）が日本一といわれた巨峰の生産も、いまは中野市がトップです。そこへナガノパープルとかシャインマスカットという新しい人気品種があらわれて、ますます活況を呈しているというのです。「儲かる農業」を標榜している中野市は、若い後継者も多く、遊休荒廃農地も少ないところですが、いまは農地が空いているとすぐにシャインマスカットを植えるとか。

ワインぶどうの栽培を、生産農家（原料ブドウを生産してワインメーカーに売る農家）の経営の観点から考えれば、そういう結論に達するのは当然でしょう。地元の農家が収益を上げるために果樹栽培をやろうとするとき、そこにワインぶどうが登場する余地はなさそうです。

農家の収益

ワインぶどう1キロの取引価格は、ワイン専用の高級品種（ヴィニフェラ種）で、キロ３００円程度です。品種によってはもっと安く、半値くらいでも売買されます。キロ３００円として１ヘクタール（３０００坪）の畑で6~7トンのワインぶどうを収穫すれば、２００万円前後の売り上げです。この中から農機具代その他の必要経費を引けば収入はもっと少なくなりますから、農業収入だけで家族が暮らそうと思ったら、最低でも3ヘクタールの畑が必要になるでしょう。夫婦で働いて、季節の手伝いを1人か2人雇えばなんとか面倒を見ることのできる面積ですが、シャインマスカットならもっと狭い面積でたくさんの収量があり、しかもキロ1000円以上で売れるのですから、たとえ3倍の手間がかかったとしても収益の面からはそのほうが有利です。

日本では、農家はつねに一次産業でしたから、面積当たりの販売価格が、栽培する農産物の選択を左右する最大の要素でした。新しい作物があるから栽培しませんか、と農家を誘っても、反収(農地1反=300坪当たりの収入)30万円(すなわち1ヘクタールで300万円)が保証されなければ、飛びつく人はいないものです。日本の農家が所有する農地の面積は、戦後の農地改革以来ずっと1・2ヘクタールといわれてきたので(最近は集約が進んで少しずつ増えていますが)、家族を養える最低の年収、という観点からの計算と思われます。

したがって、ワインぶどうは、一次産品としてそれだけをつくるのでは割が合わない作物です。が、それをワインにすれば、シャインマスカットを1000円で売るよりも、もっと利益が上がる……可能性があります。あくまでも「可能性」ですけどね。しかし、その可能性を求めるにはワイナリーをつくらなければならず、そのためにはハンパでない額の投資が必要で、しかもそれを回収するにはまた長い年月がかかる……と考えれば、収益を第一に考える人は、ワイングロワーに挑戦するのはやめたほうがいいでしょう。

ワイングロワーの考え　0809

日本のワインメーカーの大半は、日本国内で原料を調達する場合でも、自社の畑でブドウを育てるより、契約農家がつくったブドウを買う方法を選んできました。これまでは、ワイナリーは既存の酒造会社か大きな企業がつくるもので、個人の農家がワイナリーを立ち上げるなど考えられもしない時代でしたから、原料ブドウの生産は農家の仕事、ワインメーカーは企業の経営、という棲み分けが、自然にできていたのだと思います。

実際、キロ300円なら、自社でつくるより生産者から買ったほうが安いのです。いまは人件費がいちばん高い時代なので、正社員にブドウをつくらせたら、キロ600円くらいにつくかもしれません。が、自社でつくればいくらでも丁寧な栽培ができますし、原料の生産にコストがかかっても、高く売れるワインができれば元を取ることが可能です。収量を半分に制限しても、倍の値段で売れるワインができればいいのですから。

いま千曲川ワインバレー東地区に集まってきているワイングロワーたちは、自分の手でブドウを育て、そのブドウから自分の手でワインをつくりたい、と願っている人ばかりです。もちろん、人生の途中から、これまでのキャリアを捨ててワインづくりに身を投じようとするのですから、生活を成り立たせていくだけの収支計画は冷静に立てなければなりません。が、彼らはそれで儲けようと考えているわけではなく（儲けられたら儲けたいですけど）、とにかく自分のやりたいことを追求して、自然を相手に暮らしながら、おいしいワインをつくりたい、ということしか眼中にありません。自分がつくったワインをみんながおいしいといって飲んでくれたら、そこから会話が広がって仲間が集まり、毎日を楽しく穏やかに暮らせたら……たとえ一生借金を返し続ける人生でも構わない、と考えているのではないでしょうか。

マイクロワイナリーの収支計画　0810

7月6日のブログで報告したように、東御市、上田市、小諸市、千曲市、坂城町、立科町、長和町、青木村の4市3町1村が、広域ワイン特区「千曲川ワインバレー（東地区）」として認定されました。ワインをつくるためには果実酒製造免許が必要で、通常は6000リットル（ワインボトルで8000本）の生産能力をもつ醸造施設をつくらないと免許が下りません。が、いわゆる構造改革特区のひとつであるワイン特区に認定されると、3分の1の2000リットル（ワインボトルで3000本弱）で免許が下りるのです。工場を建てるにも機械を買うにもそれだけ初期投資が少なくて済みますから、小規模ワイナリーが参入する際のハードルが低くなります。

ボトル3000本のワインといえば、よく見かける「バリック」というオークの木樽（幅1メートル、高さ＝直径約70センチ）が10本あれば収まる量ですから、山型に積み上げれば、ちょっとしたガレージか、大きな家なら玄関にだって置けるかもしれません。3000本のワインをつくるために必要なブドウの量は、3トン半から4トン弱。それなら畑は1ヘクタールもいりませんから、ひとりでも十分管理できる面積です。もし奥さんが（女性のワイングロワーの場合は夫が）手伝ってくれれば、ブドウ栽培の傍ら副業で収入を得ることも可能でしょう。

ワイナリーは最低10万本の生産規模がなければ経営的に安定しない、といわれるのに、たった3000本のワインを趣味のようにつくったとしても、それで生活が成り立つのか、という疑問をもつ人が多いと思います。が、この3000本が、3500円で全部売れればどうでしょうか。ワインの価格は付加価値なので、1本1500円のワインも3000円のワインも、5000円のワインも10000円のワインも、どれも直接の原価は同じです。だから、社員を雇用せず（ここがいちばん大事なところ)、夫婦だけで(友人にボランティアで手伝ってもらって)マイクロワイナリーを営み、そこで3000円から3500円で売れるワインをつくることができれば、十分ふつうに暮らしていけるだけの生活費は得られるのです。

重要なことは、規模を拡大しないことです。生産本数を増やそうと思えば、雇用も発生し、設備投資も多額になり、売るためのコストもかかります。3000本なら、自宅の一部を週末だけオープンするショップ兼ワインバーに改造して、主人みずからが自分のワインについての物語を語りながら売れば、訪ねてくるお客さんとネットの直販で完売することは難しくないでしょう。

ワインを育てる人　0811

ワインづくりは、ブドウを育ててそのブドウを収穫し、潰して搾り、発酵させて、寝かせておく……という、ただそれだけの仕事です。だからこそ、ワインの質を決めるのは7割がたはブドウの質である、といわれるのです。ブドウを育てる人のことを、フランス語では「ヴィニュロン」と呼びます。ブドウ農家、ブドウ畑で働く人、という意味です。ワインをつくる人は、まず良きヴィニュロンでなければなりません。そして良きヴィニュロンは、ブドウ畑で働きながら、この畑からどんなワインが生まれるのか、思わず喉を鳴らし、舌なめずりをしながら枝や葉の世話をするのです。単にブドウ栽培を生活の手段と捉えて、売ったあとはどんなワインになろうと関心がない、というような農家では、よいワインを生むよいブドウを育てることはできません。

もちろん、ワインづくりはシンプルな工程であるだけに、その過程で無数の選択と決断を重ねながら収穫したブドウをワインへと仕上げていく醸造家の力も大きいのですが、基本的には、ブドウの果汁が自然の力でワインへと変わっていく、その過程を見守るのが人間の仕事です。その意味で、醸造家はワインを「つくる人（メーカー）」ではなく「育てる人（グロワー）」である、という言いかたがありますが、私は「ワイングロワー」という言葉に「ヴィニュロン」も重ねて、「ブドウを育て、そのブドウからワインを育てる人」という、二重の意味を込めています。

新規就農者の悩み　0812

またひとり増えたはずの新しいワイングロワーが、浮かない顔をしてやってきました。7月28日には明るい顔をしてやってきたのに、いったいどうしたのかと訊くと、市役所で新規就農の届け出を受け付けてくれないかもしれない、というのです。彼は市内に購入した家にすでに住民票を移して東御市民となっており、地区の農業委員の仲介で地権者は快く農地を貸してくれることになって、利用権設定の書類（農地の貸借契約書）にもそれぞれ必要なハンコを捺《お》してもらったのに、市役所の窓口が彼の就農資格に疑問を抱いているらしい。

彼は賃借の手続きが済んだら、今年中に荒れた土地を開墾し、来年の春にはすでに発注してあるブドウの苗木をそこに植える予定です。が、最初の数年は畑仕事も少ないので、東京の会社に勤務しながら、おもに週末を農作業に当てるつもりでした。が、市役所の窓口担当者は、東京から通ってくるのではいけない、東御市内に常住して農業に従事しなければ、農地の賃借は認められない、という見解のようなのです。

実際、最初のうちは週に2回も畑を見まわれば十分なので、当初は農業から収入を得られない以上、苗木が生長するまでは会社勤務で収入を確保しようとするのは当然だと思うのですが、「農家とは畑の傍らに住んでつねに耕作に従事している者をいう」という従来の解釈からすれば、そんなことでは本当に「やる気」があるかどうか疑わしい、自分は農業をやらないで誰かに農地をまた貸しするのではないか、という疑念を抱かせることになるようです。農業をやりながら会社に勤めること自体には問題がないというので、要するに「東御市から週5日東京に通勤するのならよいが、東京から週2日東御市に通ってくるのはダメ」ということになるのですが……。

私も20数年前に新規就農するときには、こんなに副収入（農業以外の収入はすべて副収入と見なされます）が多いのに本気で農業をやるとは思えないとか、ほかの仕事をやりながら週に何時間くらい畑に出られるのか、とか、役場の担当者にさんざん難癖をつけられたものです。現在、国を挙げて荒廃地の再生と新規就農者の増加をめざしているというのに、現場の対応は20年以上前と変わらないようですね。

田んぼ専用？　0813

諏訪の企業グループやＮＰＯ法人に、信州大学繊維学部と県の農業試験場などが協力して、水田のあぜの除草機を開発する研究チームを設立した、というニュースが今朝の信濃毎日新聞に載っています。「グループは２０１８年までに無線操縦（装置）で操作できる除草機を開発し、農家の負担軽減や経営大規模化の後押しを図る」とのこと。「開発する除草機はバッテリーとモーターで動き、小型で斜度45度の急斜面にも対応。平たん部にいながら操作できるようにする。価格は１００万円以下として普及を図り、将来は自動除草ロボット開発も目指す」

6月30日のブログで紹介したヨーロッパの事情と較べると、日本の農機具の開発は相当に遅れていることがわかりますが、遅まきながらでも、こうした開発がスタートするのはよろこばしいことだと思います。が、記事を読む限り、田んぼのあぜでなくても、たとえば斜面につくられたブドウ畑の樹列のあいだを除草するときにも使えそうな気がします。「県農政部などによると、あぜは害虫のすみかとなり、年数回の草刈りが必要。手持ち式の刈り払い機を使う人が多いが、現場では高齢者らも簡単に作業できる機械を望む声が出ている」ということですが、高齢者が作業をしているのはほとんどの場合自家用のコメをつくる小さな田ですから、年数回の草刈りのために100万円近くもする機械を買うでしょうか。10年間で50回とすれば、1回2万円ですからね……。

そう考えると、せっかく新しい機器を開発するなら、田んぼのあぜだけでなく、もっと汎用《はんよう》性のある機械を開発したほうがよいのではないでしょうか。豊葦原瑞穂の国では田んぼがすべてに優先するのは当然としても、これからどんどん減っていく水田だけでなく、ますます増えていくワインぶどうの畑でも使えるような工夫を、開発チームのみなさまにはお願いしたいと思います。

お願いしている支援は……　0815

千曲川ワインバレー地域に小規模ワイナリーを集積させることを目的として、そのためにさまざまな活動をおこなう企画を「アルカンヴィーニュ・プロジェクト」と名づけ、県内外の企業に投資と協力を求めて幅広く声をかけています。地域の消滅さえ危惧される人口減少時代、ワインという特別な訴求力をもつ6次化農業を切り口に、荒廃農地を再生して新規就農者を呼び込むことから地域の創生をはかるプロジェクトは、説明をするとほとんどの人が賛同してくれます。

が、趣旨に賛同することとそのためにお金を出すことはまったくの別物で、「どうか支援をお願いします」というと、「実に素晴らしいプロジェクトですね。私がもう少し若かったら、いっしょに畑で汗を流すんだけど」という社長さんや会長さんが多い。そういわれてしまうと、「いや、畑で働いてほしいとお願いしているわけではなくて……」と、そこで突っ込むのはなかなか難しく、「お金だけ出してくれればいいんです」という次の言葉がなかなか出てきません。

お金はないけれどもブドウを栽培してワインをつくりたい、と願うワイングロワーと、お金はあるけれども自分ではブドウ栽培もワインづくりもできない、という出資者をうまく結びつけて、なんとか企業の資金を地域の農業に振り向けさせたい、と考えているのですが、このマッチングはなかなかうまくいきません。企業側としては収益が出るまでに時間がかかる農業ベンチャーへの投資に馴染みがなく、またワイングロワーのほうも、大半がサラリーマン社会に見切りをつけて自立の道を選ぼうという人たちなので、他人からの投資で縛られたり、農園主から雇用されたりすることを好まない傾向があるようです。

いますぐ買えるブドウ畑　0816

「じゃあ、私、投資するわ。で、いますぐ買えるブドウ畑はあるの?」と、東京で複数のレストランを経営している社長から聞かれました。「とりあえず2ヘクタールくらい買えばいい?」まあ、そうですけど。でも、東京に住んでいて長野県に農地を買うことはできないし、株式会社が農地を保有するには農業生産法人になる必要があり、農業生産法人の株の過半は農業者が持たなければならなくて、農業者とは当該地に在住して常時耕作に従事する者……と条件を数え上げていくと、彼女がブドウ畑をいますぐ買うのは難しいことがわかります。

「それなら、いまあるワイナリーを買ったほうが早いかしら。だって、できたワインはすぐお店で使いたいし」……はい、そうですね。トスカーナではドイツ人があちこちのワイナリーを買っていますし、フランスのシャトーを買いたいという日本人もまだいますから、いずれは日本でもそういうことが起こるかもしれません。北海道ではすでに、古いブドウの樹が植えられている広大なヴィンヤードを某企業が手に入れた……というような話を聞きますが、長野県ではブドウ畑やワイナリーを売買する話はまだないようです。「中国人が法外な値段でヴィラデストを買いに来たらどうしようか」「シャネルかブルガリに頼まれれば売ってもいいかな」……冗談でそんな会話をすることはありますけど。

醸造機器のリース　0817

個別のワイナリーやワイングロワーへの直接の投資というより、地域への新規参入者およびワイン産業全体に対する投資や支援を、少しずつ実現していきたいと考えています。長期にわたる資金援助を可能にするワインファンドの創設や、民間の財団によるワイン農業奨学金とインターン制度の確立、それから……これは具体的な話ですが、どこか、醸造機器のリースをやってくれる会社はないでしょうか。

アルカンヴィーニュでは、お酒を飲めない見学者には、コーヒーを一杯サービスすることにしています。コーヒーマシンは、現金一括払いで買えば50万円といわれましたが、厳しい当初予算のため、リースにしてもらいました。リース料は1ヵ月1万円。5年リースで支払う金額は合計60万円になりますが、それでも最初にお金がかからないのはありがたい。

除梗破砕機、プレス機、タンクにポンプにフィルター……ワイナリーをつくろうという人は、数千万円の醸造機器類をいっぺんに買わなければなりません。それらをリースで入手することができたら、初期投資の額は相当に軽減され、借金の重荷も少しはラクになるでしょう。もちろん、融資がいいのかリースが有利か、それぞれのケースで判断することになりますが、いまは航空会社が運航する飛行機だってリースがあたりまえの時代なのですから、醸造機器をリースする会社がそろそろ名乗りを上げてもよさそうです。もう少しワイナリーの数が増えたら……と思っているのかもしれませんが、リースがはじまればワイナリーの数は一挙に増えるでしょう。

ゴルフ場の再生　0818

2004年の夏、富良野塾で有名な脚本家の倉本聡さんは、中学時代からの友人である元・西武鉄道オーナーの堤義明さんから、富良野プリンスホテルのゴルフ場を閉鎖しようと思うが何かよい再利用の道はないか、という相談を受け、自然の森に再生することを提案しました。そこから２００６年に三井住友銀行の協力を得て「富良野自然塾」が立ち上がり、プロジェクトがスタートします。それは閉鎖された広大なゴルフ場の土地に種から育てた苗を1本1本植えていく壮大な計画でしたが、多くの関係者の努力によって順調に進展し、いまではエゾシカやヒグマが棲む天然の森が現出しているそうです。新潮社の隔月刊誌『ＳＩＮＲＡ』２０１５年9月号に出ている話です。

いま、全国に、1円で売りに出されているゴルフ場がたくさんあるそうです。たった1円の売値でも買い手がつかない、持っているだけで損をするゴルフ場。千曲川ワインバレー地域にも、いくつかあると聞きました。そうしたゴルフ場を1円で買って、ヴィンヤードに変えたらどうかと考えている企業があります。富良野のケースように自然の森に返すには10年かかるかもしれませんが、バンカーを潰してグリーンとフェアウェイをブドウ畑にするなら、もっと簡単にできるのではないでしょうか。

ゴルフ場の地目は山林でしょうから、そこを畑にすることは農地法上も問題ないし、畑の近くに住居を建てることも可能でしょう。全体を天然林に戻すより、ヴィンヤードつきの分譲地に改造するほうが手っ取り早そうです。分譲住宅はそんなにたくさんつくる必要はない、というなら、余った土地にイモ類を植えれば、いつ食糧危機に襲われても地域の自給が確保できます。世界に何が起こっても、イモを食ってワインを飲みながら生きることができる、というわけですね。

ゴルフ場というと、グリーンまわりなどに除草剤がたっぷり使われているので、土壌の農薬汚染が心配だ、という人がいます。富良野のゴルフ場では、この問題があったのか、なかったのか。もしあったとしたら、どうやって解決したのか。こんど倉本さんに会う機会があったら聞いてみたいと思います。

北海道ワイン事情（ⅰ）　0820

18日の夕方から北海道に来ています。道庁の主催で余市の平川ファームが運営する「ワイン塾」の講師に招かれたのですが、せっかくの機会だからと、1日余計に日程を取り、できるだけ多くのワイナリーを巡りたいとお願いして、連れていってもらうことにしました。巡ったのは、三笠と余市のワイナリー4社ですが、朝8時から夕方5時まで、走行距離は400キロ。さすがに北海道は広いですね。

きょうは、札幌の会場で、「ワイン塾」の講師を務めました。ヴィラデストワイナリーを立ち上げた経緯と今日までの歩み、それからアルカンヴィーニュ・プロジェクトに至る流れについてお話ししたのですが、みなさん熱心に聴いてくれました。「ワイン塾」は、「道産ワインブランド力強化事業」としておこなわれる、ブドウ栽培からはじめてワイナリー建設をめざす新規参入者を対象とした、年間合計13日間の講座です。塾生は22歳から73歳までの26名（うち女性3名）で、平均年齢45・3才。このあたり、我が「千曲川ワインアカデミー」とよく似ています。違うのは、さすがに北海道だけあって、すでに広い面積の農地を確保している人が多いことでしょうか。今回の募集も、すでに農地をもって栽培をはじめている人たちが対象だそうです。

北海道ワイン事情（ii）　0821

いま、北海道には、「日本ワインの伝道師」ブルース・ガットラヴ（ココ・ファーム→10Rワイナリー）、「日本ワインの風雲児」落希一郎（カーブドッチ→オチガビワイナリー）の両氏をはじめとする、ベテランの栽培醸造家が集結しています。小布施の「曽我兄弟」の弟・曽我貴彦さんも余市に拠を構えてピノ・ノワールに挑戦していますし、今回「ワイン塾」の運営を受託した平川ファームの平川敦雄さんは、フランスでＤＮＯ（国家認定醸造士）を取得し、ＤＵＡＤ（酒質鑑定技能資格）にも首席で合格した、ＵＤＳＦ（フランスソムリエ協会）認定のソムリエ資格をもつ白皙《はくせき》の農学者。十数年間フランスの一流ワイナリーで仕事をした後、いま余市に自分のワイナリーを建設中です。

しかし、今回ヴィンヤードを見てまわって話を聞き、想像以上に気候的条件が厳しいことに驚きました。収穫が終わったら、まだ樹に葉がついていてもすぐに剪定をはじめなければ雪に埋もれてしまうこと。剪定が終わった枝はワイヤーから外して雪の重みで自然に撓《たわ》むようにしますが、多いところでは2メートルもの積雪があり、4月後半まで雪が残るので、その重みで樹がダメージを受けること。積雪の下層が凍結して斜面を滑り、樹が根元から折れてしまうこともあるそうです。こうした強烈なストレスに曝されていると、15年ほどで突然死する樹が出てくるので、どのヴィンヤードも20年を目処に新しい苗木に植え替えなければならない……。

話には聞いていましたが、実際に傷んだ樹の根元を見ると、その厳しさが実感されます。北海道は広い土地が安く買えて羨ましい、と思っていましたが、余市でも標高１００メートルを超えると栽培が難しいとか、冷たい風の方向や霧の出かたで畑としては使えない土地があるなど、そう簡単な話ではなさそうです。また、地球温暖化で20年後にはボルドーやブルゴーニュの伝統的産地が没落する……という予想はかなりの程度で現実になる可能性が高いと思われますが、そのとき北海道が最高の土地になっている……かどうかは、気温は上がっても雨（雪）は減らないという現実を考えると、そう楽観的ではいられません。

この厳しい気候条件に、ベテランの栽培醸造家たちは、どのように挑もうとしているのでしょうか。老木と完熟を尊ぶフランスワインの常識に対抗して、若い樹から早めに収穫した香りのよい果実を使って、日本式の「走り」と「萌え」の美学を表現した日本ワインを、北海道から世界に発信して評価を得ることができるか？　……きわめて興味深いチャレンジだと思います。

農水大臣視察　0823

きょう、林芳正農水大臣が、アルカンヴィーニュとヴィラデストの視察にお見えになりました。昨晩は小諸の中棚荘に1泊、今朝からはアトリエ・ド・フロマージュ、リュードヴァン、はすみふぁーむを経由してアルカンヴィーニュ訪問後、ヴィラデストでランチ……という東御市内一周のスケジュールを、予定通り無事に終えてお帰りになりました。

実は、林大臣の視察は一年半前からの懸案でした。一昨年の秋、当時の皆川農水次官がヴィラデストにおいでになり、大臣も『千曲川ワインバレー』という本をご存じで、この地域のワイン振興に関心を抱いているので、春になったら現地を訪問したい意向である、というお話をいただきました。が、このときは、訪問の日程が一度は決まったものの、TPPをめぐる交渉が予想より長引いたため時間が取れなくなり、実現しませんでした。その後、林大臣が退任したため、この計画はいったん潰えたのですが、2015年になって再び農水相に任命され、TPPの交渉も一段落した夏休みということで、ようやく訪問が実現したのです。

それにしても、大臣の現地視察というのは大変なものですね。きょうまでに何人の関係者が下見に来たり打ち合わせに来たりしたことか。関東農政局、国税庁と関東信越国税局……運営担当者や当日の参加予定者らが入れ代わり立ち代わりやってきて、コースの確認から時間割の想定まで、綿密に準備をしていきました。一行は22人。これは知事や市長を含めてランチをとる人の数で、このほかに、随行者やらSPやら地元の警察官などの数を加えると、40名は優に超えていたのではないでしょうか。

大臣は気さくで穏やかな人柄で、リラックスしてワイナリー訪問を楽しんでいらっしゃったようですが、周囲の緊張は隠せず、お迎えしたスタッフ一同もすべてが終わるとドッと疲れが出たようでした。ともあれ、大臣とは食事のあいだゆっくりと話をすることができ、地域の実情とその可能性を伝えることができたので、私たちにとっては有意義な機会となりました。

意外な農地情報 0824

先週、私がヴィラデストでカフェの受付に立っていると、いつもいらっしゃる常連のお客様が、いま乗ってきたタクシーの運転手さんが、自分も1万坪くらい農地をもっていると話していた、と教えてくれました。さすがに事情を心得たご常連で、それなら玉村さんに相談したほうがいいよ、といって連絡先の電話番号まで聞き出してくれていました。

大臣の訪問が終って一段落したらこちらから連絡して、どんな土地か見せてもらおうと思っていたら、ちょうど大臣一行がバスに乗って帰った直後、運転手さんのほうから電話がありました。これから息子を連れていくが会えるだろうか、というのです。上田市内のその土地は、かつては開拓農民を中心に養蚕などがおこなわれていたが、いまは使う人もなく荒れている。自分はもう歳だから手伝いくらいしかできないが、30歳代なかばの息子さんがいて、それならワインぶどうを植えようかといっている、という話でした。

息子さんは、理工系の大学を出て地元企業に勤めている、がっしりとした体格の真面目そうな青年でした。まだはっきりとは決めていないが、荒れた農地をよみがえらせたいという意志をもっているようなので、私は基本的なことを説明し、よく考えて、やる気が固まったら連絡してほしい、といって励ましました。近いうちに、その土地を見に行くつもりです。

親の代からの農地をもっているのですから、新規就農にはなんの障害もありません。ワイナリーをつくろうという人だけでなく、こうして地元で原料ブドウの生産を担う人が増えるのも大切なことなのです。いま地元で田んぼをつくっている農家はほとんどが兼業で会社勤めをしていますが、同じように、ある程度の面積なら会社勤めをしながらワインぶどうを生産することは可能です。地元の農地の後継者がこういう気持ちになってくれれば、ワインバレーはいっそうその厚みを増していくことになるでしょう。

それにしても、意外なところから農地情報がもたらされるものです。農地中間管理機構とかいう難しい名前の役所仕事より、民間のネットワークで情報を集めたほうが早いかもしれませんね。

こんなホテルがほしい　0825

東御市は、宿泊施設が少なくて不便です。少し足を延ばせば上田駅前のビジネスホテルや小諸市の温泉旅館がありますが（大臣一行が宿泊した中棚荘は、ご主人が自家栽培のブドウでワインをつくっていることもあり、ワイン関係者が泊まる定番の宿となっています）が、東御市内には、ごくわずかな数の民宿（ペンション）と公共の宿泊施設だけしかありません。そのうちのひとつである八重原の「アートヴィレッジ明神館」は、近いうちにワインツーリズムの客を受け入れる施設に改装されるそうですが、それでもまだまだ不十分です。この地域に小規模ワイナリーの数が増えてくれば、何軒かを巡りながら試飲を楽しむために、2泊とか3泊とか、ミドルステイができる宿泊施設がもっとたくさん必要になるでしょう。

豪華である必要はまったくないし、高級でなくても構いません。リーズナブルな値段で、清潔で使い勝手のよいベッドルームとバストイレ、過不足のない的確なサービスと、品がよく適度にお洒落なデザインのインテリア。さらにその上に望むなら、信州の自然が感じられて心から安らげる環境……でしょうか。夕食は外でとるとして、階下のバーでワインが飲め、朝は焼きたてのパンが食べられれば最高ですね。誰か、そういうホテルをつくってくれる人はいませんか？

古民家の改造　0826

田舎では古い家が放置されて、空き家がどんどん増えています。お年寄りが亡くなって、誰も住まなくなった家。若い世代は集落の外に出ていくか、残る場合でも、両親の古くて大きい不便な家の隣に新しい快適な家を建てて暮らすので、古い家は大量の家財を抱えたまま朽ちていくのです。いま古い家を守っているのは団塊の世代ですから、あと20年も経てば田舎の家のほとんどは空き家になってしまうでしょう。ヴィラデスト、ドメーヌ ナカジマ、アルカンヴィーニュという3つのワイナリーをもつ田沢地区も、その例外ではありません。

田沢の集落の中に、貸してもよいという一軒の古民家がありました。家賃は月2万ももらえばよいし、改造も自由だという。ちょうど東京から引っ越してきたいという友人がいたので、私が先に家の中を見せてもらうことにしました。入り口の戸を開けると土間があって、黒光りした見事な梁がわら葺きの屋根を支えています。ただしわら葺きの屋根は全体をブリキの板で覆ってあり、梁は途中からベニヤ板の囲いで隠され、土間にはタイルが貼ってありました。ふつうは家の中が片付いていないため人に貸せないのですが、この家は使わなくなったあと別の人が借りてしばらく住んでいたので、すぐにでも入居可能に見えました。が、借りた人が改造したらしく、古民家の風情はだいぶ失われています。

ベニヤ板は剥がせばよく、立派な梁を生かして古民家のイメージに合った改造をすることもできそうに思えましたが、問題は、床が全体にかなり傾いていることと、浴室まわりが荒れて汚れているので、新しいユニットバスに変えなければ東京から来る人は住めそうにないことです。が、ガスの配管を直すには土塀を壊さなければならず、床下からジャッキで持ち上げて家の傾きを直すのにも相当お金がかかることがわかり、結局、友人も納得して借りるのは諦めました。

古民家再生……といえば聞こえはよいが、要するに単なる古い家のリフォームです。専門の建築家に改造を依頼するだけの資金があるか、あるいは何年かけても自力で改造するという強い意志と覚悟があるか……どちらにせよ、そう簡単にできる話ではないことがよくわかりました。

空き家民泊　0827

空き家問題はもう何年も前から深刻な問題になっていたのですが、最近ようやく政府も本腰を入れて対策に乗り出したようです。放置してある空き家には高い税金をかける、あるいは、取り壊すかリフォームをすれば減税するなど、これまでの税制を見直すのも施策のひとつですが、こんどは「空き家民泊」をやれば国が補助金を出す、という話が出てきました。

民宿ではなく、民泊です。つまり、空き家を利用して、観光客が泊まれる部屋だけを用意する。民宿のようにいろいろ世話をする必要はなく、一部屋でもよいのでベッドなり布団なりを備えた部屋があって、家主と共有でないバストイレがあればそれでよい。もちろん家の人にいちいち声をかけなくても出入りができる入り口があれば理想的ですが、少なくとも食事まで用意をする必要はない、そういう部屋ができないか。もし空き家を利用してそれができるなら、そのための改装にかかる費用くらいは国が援助しましょう、という制度のようです。

スペインの民泊ホテル　0828

私がヒッチハイクでヨーロッパを放浪していたとき、スペインのとある城壁都市にたどり着き、町の中心にあるインフォメーションセンターを訪ねたときのことでした。ヨーロッパのラテン系諸国では、町の中心に教会があり、教会の前の広場には、丸い白地に〈i〉の字を書いた看板を掲げたインフォメーションセンターが、ほぼ例外なくあるはずです。

新しい町に着いたときは、まず町の中心に行って、インフォメーションセンターを訪ねます。今晩泊まれるところはありませんか。この町の見どころは何ですか。観光客の質問に、窓口の職員が丁寧に答えています。夕方にその町に着いた私がホテルの情報を求めると、窓口の女性は、それならこの先の角を右に曲がって、３軒目の家を訪ねなさい。家の人に聞けば部屋を案内してくれますから、この鍵を使って部屋に入り、あとはご自由にお過ごしください。そういって、部屋の鍵を渡されました。

町の中に、いくつかの「民泊」の部屋があるようでした。それらの部屋の鍵は一括してインフォメーションセンターが預かっていて、センターは、町の中に散在するホテルの部屋にとってのフロントの役割を果たしているのです。

このとき以来、日本の田舎にも同じような施設ができないものか、と思って機会あるごとに書いたり話したりしてきたのですが、これまではなんの反応もありませんでした。それが突然、空き家問題の解決策というかたちで、実現性のある計画として浮上してきたのです。早速、地元の田沢地区でも、民泊に使わせてもらえそうな空き家を探さなければなりません。

サンディカ・ディニシアチブ　0828

スペインの民泊ホテルもそうなのですが、私は長いこと、サンディカ・ディニシアチブというフランスの組織が気になっています。フランスの場合、どんな小さな田舎の町でも（といっていいくらい）、町や村の中心の広場へ行くと、丸い白地に〈i〉の字を書いた看板を掲げたインフォメーションセンターがあります。サンディカ・ディニシアチブは、この観光案内所のことを意味すると同時に、このシステムを運営する組織のことも指しています。

サンディカは「組合」を意味する言葉。イニシアチブを取る組合……をどう訳したらよいのか私にはわかりませんが、国のサポートを受けながらも、実質的には地元の住民がボランティアで運営しているような印象です。窓口にいるのは、たいがいの場合は地元のおばさんなどで、観光客にパンフレットを渡したりホテルやレストランを紹介しながら、住民ならではの地元情報を教えてくれます。

こんなローカルな観光案内所が日本にもあればいいのに、と思い、これまでも数多くの行政関係者に紹介してきたのですが、実現に向けて動こうとした市町村はいまのところひとつもありません。誰かこの組織のことを調べて、日本でも同じようなことができないか、試みてくれる人はいないでしょうか。

観光遺跡と生活観光　0829

私は東御市にもインフォメーションセンターをつくってほしいと訴え続けているのですが、いまだに実現していません。市の観光審議会のメンバーに選ばれたときもそう提言しましたが、無視されたままです。その過程でわかったことは、東御市ばかりでなく、いわゆる観光地といわれる特別の場所や施設をもたない全国のほとんどの市町村では、そもそも自分の町や村には観光客など絶対にやってこない、と信じていることでした。

観光客がわざわざそれを見るためにやってくるような有名な施設はなくても、縄文時代の遺跡だとか、戦国時代の城跡だとか、江戸時代からの古刹だとか、どこの市町村にも、説明看板が立っているような場所はあるものです。が、そこに至る道を案内する看板は、ほとんどの場合ありません。あったとしても、地元の人にしかわからないような場所にしかない。そもそも地域の外から観光客が訪ねてくることを想定していないので、あっても役に立たない看板しかないのです。

私は、これからの時代は観光の概念が変わっていくと考えています。いわゆる観光地の観光施設に大型バスで運ばれた観光客が、お金とゴミを落として波が去るように帰っていく。テレビドラマの舞台になれば大量の観光客が押し寄せるが、数年もすると忘れ去られて、元の寂しい場所に戻ってしまう。かつて人気のあったときにつくられた観光施設が、いまとなっては取り壊すこともできず幽霊屋敷のように放置されている観光地は、日本中のいたるところに見られます。それらは、古い観光の概念を示す「観光遺跡」にほかなりません。

これからは、たとえ全国に知られるような名所や旧跡はなくても、そこに生き生きとした暮らしがあり、地域の住民が楽しそうに仕事をしながら生きているようすを見ることができれば、外から人が訪ねてきて、その土地の食べものを味わったり、その土地の昔を知るお年寄りの話に耳を傾けたり、その土地でしか見られない仕事の現場を見学したり……さまざまなかたちで住民との交歓を楽しむようになると思います。それぞれの土地で異なる暮らしのようすを知ることが面白いから、おたがいに訪ね合うようになる、「生活観光」の時代がくると私は信じています。

ワイナリー観光も、農業と醸造の現場を訪ねる「生活観光」の一形態です。とくに個人で立ち上げたようなマイクロワイナリーの場合、ワイナリー観光は生活の場そのものを訪ねるのと同じです。東御市にはチーズ工房もクラフトビール工場もありますし、どうしてこんなわかりにくい場所に店を出したのだろうと訝《いぶか》るような、それぞれ離れた辺鄙な場所に何軒ものパン屋さんがあって、オリエンテーリングのようにパン屋さんを探しまわるツアーを楽しむ観光客もあらわれています。空き家民泊ができて集落の中にまで観光客が入り込むようになれば、「生活観光」は本格的に動き出すのではないでしょうか。

観光タクシー　0830

泊まるところができたら、あとは足ですね。地域の中を巡る、いわゆる2次交通。千曲川ワインバレー東地区の場合、北陸新幹線とローカル線（しなの鉄道、上田電鉄別所線）の駅まではよいとして、そこから先の公共交通機関は、実質的には無きに等しい状態です。田舎でワイナリー観光をやろうという場合、これがいちばんの課題になります。

観光タクシーによるワイナリー巡りの試みは、すでにあちこちではじまっています。あらかじめ決められたワイナリー数社を試飲してまわる、乗り合いタクシーのような形態ですが、利用客にとっての自由度と料金設定のバランスを考えると、1人でも利用することができるのはたしかに便利とはいえ、4人揃えば1台のタクシーを取り変えながら乗り回したほうがいいかも……と思わせる感じもあって、やや微妙なところです。

観光タクシーの場合は、運転手がガイドの役割を兼ねながら名所旧跡の案内をしてくれるわけですが、地元のワインについて解説ができる運転手はまだいないようです。運転手があまりお酒に詳しいとなにやら疑われそうですし、タクシー会社としてもおおっぴらに養成しにくいのだと思います。オンデマンドの市民バスや介護タクシー、事業所が所有しているマイクロバスの活用など、ちょっと工夫すれば使えそうな手段もあるのですが、規制の問題や人の問題があってなかなかうまくいきません。

本当は、ワイン産業に関わる者が（ワイングロワーも含めて）みずから案内を買って出られればいちばんよいのですが、二種免許を取っただけでは個人で営業活動をおこなうことはできないようです。運転代行業なら個人でも申請できますが、「当該自動車に業務用自動車が随伴」することが義務づけられているので、電車で来たお客さんにレンタカーを借りてもらって1人でガイド兼運転手……というわけにはいきません。ワイン特区内でのワイナリー観光に限り、有資格者を限定して「ワイン白タク」を認めてもらうとか（名前は「赤タク」がいいかも）、地方創生特区などを利用して、なんとか規制緩和ができないものでしょうか。

最近の技術の進歩を考えると、そう遠くないうちに完全自動運転のクルマが一般化して、誰もハンドルに触れないまま自由に公道を走れるようになる時代がくるかもしれません。

やった！　そうなったらクルマの中で酒盛りをしながらワイナリー巡りだ……と、一瞬思いましたが、たとえそうなったとしても、やはり道路交通法ではお酒を飲んでいない運転者の同乗が義務づけられるのでしょうか。

もしそうであれば、みんなで頑張ってもっともっとワイナリーの数を増やし、採算に合う路線バスが新設される日を待つ……しかないですが、せめて「ワイナリー巡りのための完全自動運転特区」とか、地方創生特区として申請したいものです。

SEPTEMBER

ニューヨーク州の躍進　0901

いまアメリカでは各地で地域おこしのためのワイナリー建設が盛んですが、なかでもニューヨーク州は、近年急速にワイナリー数が増加したことで大きな注目を集めています。ニューヨーク州というのは首都ニューヨークの北東部からカナダとの国境に至る緯度の高い地域で、その寒冷で湿潤な気候から、雨に強いアメリカ系品種（コンコード、ナイアガラ、デラウェアなど）は生産されていましたが、プレミアムワインができる欧州系品種（ヴィニフェラ種）の栽培には適さない土地と考えられてきました。

ヴィニフェラ種の栽培は1950年代から欧州系の移民によって試みられましたが、気候的に難しく、最初のうちはなかなか広がりませんでした（桔梗ヶ原でメルローの栽培に苦労した林五一翁の話を思い出させます）。また、ブドウを栽培していた農家は、原料ブドウを大手メーカーに供給する契約農家がほとんどでした（これも塩尻などのスタートと同じですね）。

ところが、1976年に「ファームワイナリー法（The New York Farm Winery Act of 1976）」が施行されて、農家が自分の畑で栽培したブドウからつくったワインを直売することができるようになると、一気にワイナリーの数が増えました。1976年の法令施行前には19しかなかったのが1985年には63、1996年には110、2004年には203、2014年には400……と、ほぼ10年で倍になるペースで増え続けたのです。

いまでは、ニューヨーク州は、カリフォルニア州、ワシントン州に続く全米第3位のワイン産地となっています。しかも、栽培されるブドウ品種は、アメリカ系のコンコードやナイアガラに代わって、ヴィニフェラ種（リースリング、シャルドネ、ピノ・ノワールなど）が圧倒的に増え、ワインの品質も急速に向上しました。このあたりも、アメリカ系品種やその交配種が主流だった長野県のワインづくりが、近年急速に「ヴィニフェラ化」している状況とよく似ています。

ニューヨーク州のワイン事情については、最近、鹿取みゆきさんが取材に行ったので、いずれ詳しい報告を読むことができるでしょう。その気候の類似や立地条件（大消費地である首都圏に近い）、また、コーネル大学が栽培醸造学から応用研究まで幅広くコミットして力を発揮している点など、これからの長野県がめざすべき方向をはっきりと示してくれているように思われます。

ヴィニフェラとラブルスカ　0902

カベルネ、メルロー、ピノ、シャルドネ……といった、ワインの名前としてよく知られている欧州系のブドウ品種は、どれもヴィニフェラ種の仲間です。それはヴィニフェラ種がヨーロッパで氷河期を生き延びた唯一のブドウだからで、原産地の中央アジアから地中海周辺地域に伝播したこのブドウから、ヨーロッパのワイン文化が花開きました。そのため彼らはこのブドウを「ワインのためのブドウ（ヴィティス・ヴィニフェラ）」と名づけ、ワインはヴィニフェラ種からつくるもの、と考えているのです。

アメリカ大陸では、もっと多くの種類の野生ブドウが氷河期を生き延びました。デラウェア、ナイアガラ、コンコードといった日本人にも馴染みのある名前のアメリカ系品種は、その末裔にあたります。が、フランス人やイタリア人など、ヴィニフェラ種のワインしか飲んだことのない人たちは、アメリカ系品種（ラブルスカ種）からつくったワインは「キツネの臭いがする」といって絶対に飲まないのです。

ラブルスカ種はアメリカ大陸東海岸の原産で、日本にも早くから伝わり、雨が多い気候でも病気になりにくいことから広く栽培されてきました。日本だけでなく、もともとワイン文化をもたない国々では、まず栽培の容易なアメリカ系品種からワインづくりをスタートするケースが多いのです。が、そのうちに多くの人がワインという飲みものに慣れてくると、少なくともこれまでの世界の歴史では例外なく、人びとの嗜好はヴィニフェラ種のワインに移っていきます。

日本や一部のアジア諸国では、まだアメリカ系品種やその交配種からつくられたワインに対する抵抗感はないようですが、日本でもワインを飲む文化が生活の中に定着するようになったら……ニューヨーク州のように、日本ワインもさらに「ヴィニフェラ化」が進むでしょうか？

ブドウ引っこ抜き条例　0903

ニューヨーク州では「ファームワイナリー法」の制定がワイン産業の発展に大きな推進力をもたらしたわけですが、政治や行政が農業政策に大胆に介入した例としては、ニュージーランドが1985年に実施した「ヴァイン・プル Vine Pull 」が思い起こされます。一般には「減反令」と訳されているようですが、直訳すれば「ブドウ引っこ抜き条例」とでもいうべきものです。

ニュージーランドでも19世紀中頃からキリスト教の神父や修道士の手によって欧州系ブドウの栽培がはじまりましたが、その後やってきた東欧からの移民が栽培のしやすいアメリカ系品種やその交配種に切り替え、初心者用の甘くて薄いワインを大量につくるという、どこのワイン新興国でも見られる経過をたどりました。が、1970年代からはドイツ人技師の指導により、ドイツ系のヴィニフェラ交配種への改植が進みました。

おもに植えられたのは白ワイン用のミュラー・トゥルガウという品種ですが、1985年は3年続きの大豊作で、このまま春を迎えると（ニュージーランドは南半球ですから夏と冬が反対で、春が収穫の季節です）、原料ブドウ価格が大暴落することが予想されました。そこで政府は、全土のブドウ畑の4分の1の面積に及ぶ圃場で、補助金を払うからブドウの樹を引っこ抜くように、と命じたのです。

そこで農家は、根元の台木だけ残してミュラー・トゥルガウの樹を引っこ抜き、その跡にフランス系のヴィニフェラ種、同じ白ワインでもミュラー・トゥルガウよりもっと高い値段で売れるワインをつくることのできる、ソーヴィニョン・ブランの苗木を継いだのでした。その少し前からマールボロ地方のソーヴィニョン・ブランはフランスのそれと違って独特の香りがあると評価されはじめており、「引っこ抜き」のおかげでソーヴィニョン・ブランの栽培が増えたニュージーランドは、一気にワイン大国への道を駆け上るのです。

ニュージーランドでは、1990年に130だったワイナリーが2000年には380となり、人口1万人当たり1軒のワイナリーがあるといわれました（人口は380万人）が、その後も2週間に1軒ほどのペースで増え続け、現在は700を超えています。日本のワイナリーの数は約200軒といわれており、ワイン特区の数も面積も増えてはいますが、アメリカ（ニューヨーク州）やニュージーランドのようなブレーク・スルーを現実のものとするには、何が欠けていて、そのためには何をすることが必要なのでしょうか。

ワインフェスタの登壇者　0905

東御ワインフェスタが本日おこなわれました。例年よりも少し狭い会場でしたが、12時から6時まで、たえず満員に近い状態が続いて、なかなかの盛り上がりを見せました。

東御ワインフェスタでは、現在市内でブドウを栽培している未来の醸造家たちをステージに招いて、私がインタビューをするのが2014年からの恒例となりましたが、今年は、元競輪選手で自転車競技の世界記録をもつ「シクロヴィンヤード」の飯島規之さん、農協（JAファーム）研修生で、千曲川ワインアカデミーを受講中の前澤隆行さん、それに「ドメーヌ ナカジマ」の中島豊さん、という、三者三様の立場からの登壇となりました。

飯島さんは、奥さんといっしょに立科町との境に近い東御市八重原に約2ヘクタールを植栽、この秋から一部で収穫がはじまります。前澤さんは、アルカンヴィーニュの近くの畑に、来春苗木を植える予定。中島さんは、みんなよりひと足先に、東御市で4社目のワイナリーを立ち上げた先輩格です。

昨年壇上に上った「アパチャーファーム」、「ぼんじゅーる農園」、「まんまる農家」、「秀果園」の4人は、今年もそれぞれの委託醸造ワインを出品しましたが、去年彼らが壇上で抱負を語っていたとき、「ドメーヌ ナカジマ」の工事は最終盤に差しかかっていて、中島さんは免許が下りるのを指折り数えて待っていたのです。さて、中島さんに続いて、次にワイナリーを建てるのは誰なのか……フェスタの会場では、東御市とその周辺でワインぶどうを栽培しているその候補生たちが、たくさん集まって仲良く談笑していました。

御堂プロジェクト　0906

東御市では、山林化した荒廃農地をワイン畑として再生する事業が進行しています。それはヴィラデストから2キロほど東へ行った御堂地区という標高800メートル前後の丘陵地帯で、いまはまだ地権者の合意をなんとか取り付けた段階ですが、数年後には約30ヘクタール（9万坪）のヴィンヤードが出現することになります。

2022年くらいからそこで本格的な収穫がはじまれば、20万本前後の生産能力のある醸造施設が必要になります。それを1軒の共同醸造所でまかなうのか、それとも小規模のワイナリーを何社か集積するのか。30ヘクタールといえば東京ドーム7個分の面積ですから、建てようと思えば10や15のワイナリーは建てることができます。が、いまのところ、ワイナリーを建てるのはその畑の外側にある用地を予定しており、ブドウ畑は全部ひとまとめにして「ブドウ団地」をつくるのが、東御市の方針のようなのです。

でも、それって、あまりにも、もったいない、と思いませんか？　いくら広くて美しいブドウ畑でも、畑しかなければ、クルマは一巡りしただけで去ってしまうでしょう。そこにいくつかの小さなワイナリーが点在し、真ん中には広場があって、秋の終わりにはみんなが集まってそこで収穫を祝う……そんな場所だからこそ、全国から、世界から、ワイン産地の観光に人が集まってくるのです。具体的な計画を立てるのはこれからのようですから、東御市にはその点をよく理解していただいて、もっと夢のあるプランを考えてほしいものです。

醸造家住宅　0907

御堂地区の再生予定地は、いまは鬱蒼と樹木が繁るジャングルのようになっていますが、もともと農地でした。したがって、そこに建物を建てるには、農振除外（農業振興法による地域規制を外す）や用途変更（農地転用）など、農地をめぐる法律に関わる一連の手続きが必要になります。ワイナリーの場合は農業生産施設ですから農地に建てることも認められますが、建物を建てる面積だけは宅地に転用しなければなりません。

個人でやる場合はこの手続きに途方もなく時間がかかり、厳しい審査があって認められないことも多いのですが、県や市が主体となっておこなう事業なら、農地の中のいくつかのブロックを非農地（宅地）にすることなど、その意志さえあればどうにでもなるでしょう。が、30ヘクタールのヴィンヤード用地の中に住宅を建てられる宅地の存在を認めたら、そのうち一般住宅がいっぱい建ってしまうのではないか、と東御市では心配しているようです。

新規就農で移住してくるワイングロワーたちは、自分のブドウ畑のすぐ近くに醸造施設を建て、できればそのすぐ近くに住みたいと思っています。これは御堂の30ヘクタールでなくても同じことなのですが、畑にする農地は借りられても、その農地には家を建てられない、という現実があります。ワイナリー（農業生産施設）を建てるだけでもいろいろと規制があるのに、農地に住宅を建てるなど、まず認められないと考えたほうがいいでしょう。だからこそ、いったんそんなことを認めたら、あとで収拾がつかなくなると行政は怖れているのです。

それなら、こうしたらどうでしょう。ワイナリー（醸造所）として果実酒製造免許を取得できる建物の中であれば、一部をその免許取得者の居住スペースにしてもよい、というルールをつくるのです。醸造免許を取得することが住居として利用するための条件になるのですから、「誰でも農地に住宅を建てられる」わけではありません。ワイナリーの建物は大きくて天井が高いはずですから、醸造場の部分は吹き抜けにし、一部だけ2階建てにして、そこに夫婦と子供2人くらいは住めるようにすればよいのです。規制緩和で、そのくらいはなんとかなるでしょう。

醸造所の中に住むのは、ワイングロワーの夢かもしれません。一日の仕事を終えて部屋に戻り、家族で夕食をとったあと、2階の寝室に引きこもる。寝室には大きな窓があって、その窓から階下の醸造場のようすが見下ろせます。かすかな常夜灯の光を反射して銀色に輝くステンレスタンク、薄闇の中に輪郭が見えるオーク樽。そんな光景を眺めながら、寝る前に自分のつくったワインを一杯……こりゃあ、もう、たまりませんナ。

酒税法を撤廃する？　0908

欧米の多くの国では、自家用のワインやビールをつくることが法律で認められています。そのための資材や醸造キットなども売られており、自分で飲むためのワインを趣味でつくる人も多いようです。ニューヨーク州の「ファームワイナリー法」は、いわば、そうした自家用ワインを消費者（個人でもレストランでも）に直売してよい、という規制緩和です。そのため、それまで栽培したブドウを原料として大手メーカーに供給してきた生産農家が、みずからワイナリーの看板を掲げて自家用につくったワインを直売するようになった……というのが、ワイナリーの数が急増した背景のようです。ニューヨーク州の規制緩和を皮切りにいくつもの州で同様の法令が施行され、全米に今日のワインブームを引き起こしているのです。

日本の場合、酒造免許は財務省の管轄で、ワインは酒造法（ワイン法）ではなく酒税法で管理されており、生成されたアルコールにはかならず税金がかかります。だから生産量を把握するのが難しいホームワインメーキングは認められないのです。そもそも果実酒製造免許の取得に6000リットル以上の生産規模が求められているのは、あまり小さい事業所ばかりだと徴税コストがかかり過ぎる、というのが理由ですから。

が、それでも近年は、2000リットルで免許が取れるワイン特区の新設を、税務署は数多く認めるようになっています。これだけでも私たちにとってはたいへんありがたい変化なのですが、そのおかげでいま全国で小規模ワイナリーの立ち上げが増えていることを考えると、もっと思い切って免許取得要件を緩和すれば、もっとワイナリーの数が増えることは間違いありません。

そんなに小さなワイナリーがたくさん増えたら、ますます徴税コストが高くついて、人手不足の税務署では事務処理ができない……というのなら、いっそのこと「小規模ワイナリー免税特区」でもつくって、そこでは免許も税金もナシでワインをつくれるようにしてはどうでしょう。いわば「ファームワイナリー法」の日本版ですが、そうすれば税務署の仕事がラクになるだけでなく、日本のワイナリーの数は一挙に増加して、最終的には所得税等による税収の増加が当初の損失を上まわることになるでしょう。……だなんて、無理なことはわかってますけど。

香港の大胆な挑戦　0909

以下の事実は、古くからの友人である喜多常夫氏が発行する「きた産業」のメルマガで知ったのですが、香港は、アルコール度数30%未満の酒類にかかる物品税（酒税）を撤廃したそうです。2006年までの酒税は「ワイン80%・ビール40%」だったのが、2007年2月には「ワイン40%・ビール20%」に、そして2008年2月には「ワイン0%・ビール0%」。わずか2年のあいだに完全撤廃したのです。そして同じ時期に、酒類の製造、保存、運搬に関わるライセンスや許可制度も、すべて廃止しました。

香港の狙いはワインだそうです。ワインは生産地、保管・売買場所、買い手の3者がたがいに離れているケースが多く、たとえばフランスワインがニューヨークで保管されていて、そこで売買されてから別の国にいる最終の買い手に渡る、とすると、フランスからニューヨークに移動するときに米国の税金がかかり、そこから最終の買い手がいる国に移動するときにもう一度税金がかかります。この保管・売買の場所（ワイン・ハブ）に関税や酒税がなければ、課税は最終買い手国の一度だけで済むのです。香港は自由貿易港でもともと関税がかかりませんから、酒税の撤廃によって外国から輸入されるワインにはまったく税金がかからなくなり、それによって今後ワイン消費が増加するアジアで「ワイン・ハブ」としての地位を確立することをめざしたのです。

酒税撤廃時点で、「短期的には年0・8億米ドルの税収減となるが、オークション、再輸出、倉庫業、入国者増などで、5年で年1・3億米ドル以上、10年後に年3・8億米ドル以上の税収増が見込まれる」と想定していた通り、実際にワイン輸入額は2006年に9億HK$だったものが、酒税撤廃後は毎年2桁増で、2011年に98億HK$を記録。2012〜14年はやや落ち着いたが80億HK$以上を継続。すなわち、酒税撤廃によりワインの輸入金額はほぼ10倍となったのです（1香港ドルHK$は約15〜16円）。またワインオークションの取引額では、香港は2010年以降ニューヨークを抜いて世界一になっています。

喜多氏はこの酒税撤廃という「奇策」について、「メインランド・チャイナの共産主義官僚が考えたしたたかな業か、それとも香港の民主派行政官吏の慧眼《けいがん》の戦略か」と書いていますが、日本には、目先では損をしても将来の得を取る、大胆な政策を果敢に実行できる政治家や官僚はいないのでしょうか。

それにしても、「酒税の撤廃」だけでなく、「製造、保存、運搬に関わるライセンスや許可制度もすべて廃止」というのは、すごい決断ですね。

スーツケース・クローン　0911

新規就農希望者は多いのに、なかなか貸してもらえる農地がない、という話をしましたが、こんどは、ようやく農地を手に入れたのに、植える苗木がなくて困っている……という話があちこちから聞こえてきます。個人の新規参入者だけでなく大手メーカーまで「日本ワイン」のためのブドウ生産をはじめようとしているので、苗木の奪い合い状態が起きているのです。

ワインぶどうの苗木はフランスから輸入するのですか？　という質問をよく受けますが、そうではありません。メルローとかシャルドネとかピノ・ノワールといったフランスの品種（ヴィニフェラ種）でも、苗木は国内でつくります。もちろん海外から輸入することも可能ですが、正規に輸入するには植物検疫を受け、成田の税関が管理する圃場に植えて1年間、虫や病気が出ないことを確認しないと受け取ることができません。

ブドウ以外の植物でもすべて同じ手続きが必要なのですが、税関の圃場は広さに限りがあり、量が多い場合はあらかじめ必要な面積を申告して予約しなければなりません。また他人まかせの栽培管理が心配でときどき世話をしに行く人もいるくらいで、少なくともワインぶどうの場合は、試験栽培用の品種ならともかく、実用的に利用するケースは限られるようです。

かといって、黙って苗木やそのための穂木を外国から日本に持ち込むのは立派な犯罪です。ロマネ・コンティのブドウの枝を取ってきた……なんてワインバーの片隅で自慢する人もいるようで、海外旅行の鞄に隠して持ち帰る「スーツケース・クローン」から増えたブドウの樹もあるらしいと、噂に聞くことはありますが。

フィロキセラ　0912

いま畑にあるブドウの樹は、収穫を終えると、紅葉（白ワイン用のブドウは「黄葉」）してから葉を落とし、収穫のときまで果房をつけていた細い枝が、裸のまま、何本もまっすぐ上に向かって伸びている状態になります。この枝を、適当な長さに切って、挿し木や接ぎ木をするときの穂木として使います。この枝がそのまま苗木になり、生長してブドウの樹となるので、このブドウの樹は元の枝と同じ遺伝子をもつ「クローン」ということになります。

裸になったブドウの樹は、冬の終わり頃に剪定をして春の芽吹きに備えますが、この剪定のときに切った枝を穂木として、別の台木に接ぎ木して苗をつくるのが慣わしです。穂木はそのまま土に挿しても根づくので、わざわざ接ぎ木をするより自根（挿し木）で苗木を育てたほうが早そうに思えますが、ヴィニフェラ種のワインぶどうを育てる場合は、かならずアメリカ系品種の台木に接ぐことになっています。アメリカ系の品種には、フィロキセラ耐性があるからです。

フィロキセラは、ブドウの樹の葉や根に入り込んでコブをつくり、樹の生育を阻害してやがて死に至らしめるという寄生虫（ブドウ根アブラムシ）です。もともとアメリカ大陸に棲息している虫なのでアメリカ系品種は耐性をもっているのですが、欧州系品種（ヴィニフェラ種）には耐性がありません。そのため、19世紀後半、アメリカから持ち込まれたブドウの樹についていたフィロキセラは、瞬く間にヨーロッパ全域に広がって猛威を振るい、ヨーロッパのワインぶどうはほぼ全滅する大被害に遭ったのです。それ以来、フィロキセラが寄生する可能性のある根の部分にはかならずアメリカ系品種の台木を用いることが、この虫害を防ぐ唯一の方法として今日に伝えられています。

フィロキセラは、現代の日本にも棲息しています。これまでワインぶどうを栽培したことのない土地では、ヴィニフェラ種を自根で植えても数年は無事に過ぎますが、そのうちにフィロキセラはどこからともなくあらわれて棲みつきます。フィロキセラは昔の話だと思っているのか、自根で挿し木をして苗木をつくろうとする栽培者があとを絶たないので、長野県でもそろそろ発現する事例が報告されています。

台木を育てるか買うかして、それに畑から採った穂木を接いで自分で苗木をつくることはできますが、温度管理のできる施設や芽の出た苗を植えておく圃場が必要です。そのため個々のワイナリーでは十分な数量の苗木をつくるのは難しく、専門の苗木屋さんに注文をして取り寄せるのが一般的な調達方法となっています。が、昨今の日本ワイン人気で全国的に苗木が不足しており、需要に供給が追いつかないのが現状です。

苗木ビジネス　0913

たとえば9月とか10月に、シャルドネを１０００本、メルローを２０００本、などと苗木屋さんに発注すると、苗木屋さんは翌年2月頃の剪定時に必要な数の穂木を集め、それに見合う台木を用意して接ぎ木をします。台木のほうも、元のブドウ樹（アメリカ系品種）から穂木を採って、接いだ後に根を生やさせるのです。接ぎ木をした苗は5〜6月になればポットに入れた状態で畑に定植することも可能になりますが、まだ小さい苗は活着率が悪いので、そのまま苗木屋さんに預けて1年間育ててもらい、大きくなった「1年苗」を春になってから圃場に定植するのがふつうです。ということは、苗木は発注してから入手するまで1年半ほどかかることになるのです。

手間と場所が必要な仕事なので、ふつうの花や野菜の苗を扱う種苗店ではブドウの苗木を大量につくることはできません。そのうえ、これまではワイナリーの数も少なく需要が限られていたので、現在、ブドウ専門の苗木屋さんは全国で十指に満たない数しかないのです。しかもそれらの苗木屋さんとその下請け農家はどこも高齢化が進んで、今後の供給の確保が危ぶまれています。

いまは台木を手に入れるのも難しいので、苗木をつくるにはまず台木から育てなければならないと考えたほうがよいでしょう。台木は自根で挿し木ができますが、クローンを採ることができる大きさに生長するまでは、やはり3年、いや、4、5年はかかるのではないでしょうか。それから接ぎ木をして、定植までにさらに1年半。時間はかかりますが、急がば回れ、手っ取り早い方法はありません。

が、台木の品種を選び、良質なクローンを探し、ウイルスフリーの処置をして……きっちりとした仕事をいますぐにはじめれば、将来はきわめて大きい需要が見込まれます。とにかく、ブドウの苗木がなければ、いくら頑張ってもワインはできないのですから。県や市が苗木の供給態勢を確立することも急務ですが、民間のアグリビジネスも参入を考えてはどうでしょうか。これから発展するワイン関連産業で、最初に必要になるのは苗木ビジネスではないかと思います。

お酢をつくる虫　0914

フィロキセラは19世紀の物語ではありません。いまも地球上で生き続け、さらに進化してブドウ樹を狙っています。カリフォルニアでは１９８０年代から、バイオタイプＢという、従来程度の耐性はものともしないフィロキセラが出現して話題となりました。台木が耐性を高めれば、フィロキセラもまたその耐性に打ち勝つべく進化する……生物の世界では当然の出来事が、ここでもまた起きているのです。

先日、南ドイツの大きなワイナリーで醸造責任者をしている日本人女性から、最近、不思議な害虫が出現して一部でパニックが起きている、という話を聞きました。なんでもその虫は急速に増殖しながらヴィンヤードに広まり、ブドウの果実に取り付くと、食い破った果皮からなにか菌のようなものが入るのか、果実の内部に酢酸を生成する、というのです。この虫に襲われた畑では果汁がどんどん酢に変わって、畑に近づいただけで酸っぱいお酢の匂いがするそうです。

最初は北イタリアで発生し、収穫期の早い品種だけが被害に遭っていたので、ドイツまでは来ないだろうと思っていたのに……と彼女は心配していましたが、現地では、この虫は日本のサクランボについてヨーロッパに入ってきたのではないか、といわれているそうです。西欧諸国の文献には関連する情報がどこにも載っていないので、彼らが読めない言語の国から来たのではないかと疑われているらしいのです。

山形のサクランボが中国や台湾で売られていることは知っていましたが、ヨーロッパにも輸出されているのでしょうか。しかし、サクランボがお酢になった……という話は聞いたことがありません。フィロキセラと同じように、日本のサクランボの樹にはこの虫に対する耐性があるから症状が発現しないが、耐性のないヨーロッパのブドウに出会って一気にその本性をあらわした……ということなのでしょうか。

世界中をヒトやモノが自由に往来する時代……いつ、どんな外来生物がやってきて甚大な被害をもたらすかわかりません。

チリや中国にはフィロキセラがいない、といっても、自根栽培のヴィンヤードがいつまで安閑としていられるか。オーストラリアやニュージーランドではすでに発見されていますし、日本の場合は、明治時代に持ち込まれて欧州系ワインぶどうの栽培を失敗させたフィロキセラの子孫が今日まで生き延びていたのか……。

とにかく、いまのところはアメリカ系品種のフィロキセラ耐性をもった台木を接ぎ木するしかこの虫害を防ぐ有効な手段はないので、ヴィニフェラ種の穂木をそのまま挿し木することだけは絶対にやめてください。

野生の王国　0916

朝、いつものように犬を連れて散歩をしていたら、森の中を抜ける道に、2頭のシカが突然あらわれました。シカは私たちを見ると驚いたように立ち止まり、次の瞬間、飛び跳ねるようにして踵を返し、一気に森の中へ消えていきました。見事な角をもち、縞模様も鮮やかな、立派な体躯の美しいシカでした。2年ほど前まではその姿を見ることのなかったニホンジカが、最近は周囲の森に続々とあらわれるようになりました。もともとヴィラデストの周辺の森には、キツネ、タヌキ、イノシシ、ハクビシン、ニホンカモシカなどが（それにツキノワグマも）棲みついているのですが、最近はシカの登場で勢力図にも変化があらわれているようです。

昨年「ソムリエ世界一」のパオロ・バッソさんがヴィラデストに来たとき、ブドウ畑に低い動物よけのネットが張ってあるのを見て、「ネットはこんなに低くていいのか。ここはどんな動物が来るのか」と聞くので、おもにハクビシンだからこれでよいのだ、と答えたら、「スイスではシカが来るのでもっと高く、1メートル50くらいまで網を張る必要がある」といっていました。

長野県のみならず、日本全国でシカたちが森を食い荒らしています。そして森の木の葉に飽き足らず、里にまで下りてきて畑の作物を狙うようになりました。私はまだ目撃したことがないのですが、ワイナリーのスタッフによると、シカはブドウ畑にもあらわれて、若い葉を狙って食べているそうです。スイスの山の畑と、同じようになってきたのかもしれません。

防獣ネットは地上1メートル程度の高さに張ってありますが、ハクビシンならネットを潜ってでも地面に穴を掘ってでも入ろうと思えば入れますし、イノシシが本気で突進したら簡単に破られてしまうでしょう。ついこのあいだ、タヌキの親子がネットを潜って出たり入ったりしながら遊んでいた、という目撃報告がありました。いまの張りかたでは、動物たちにとっては心理的な障壁くらいの効果しかないのかもしれません。

以前、秩父の山のほうにあるワイナリーを訪ねたとき、ここが畑です、といって案内されたところには、背の高さほどもある頑丈な防護柵が張り巡らしてありました。それも一部は工事現場のような目隠しの板が張られており、ブドウの世話をするときはその扉を開けて中に入るので、まるで人間が檻の中で農作業をしているようにも見えました。ふつうの金網ではイノシシが体当たりしてすぐに壊すので、頑丈なものに取り替えたのだそうです。

山際の畑をめぐる人間と動物の攻防は、ますます激しさを増しています。かつては森との境界線近くまで丁寧に耕して畑をつくり、イヌを放し飼いにして番をさせていたので、クマもその他の動物たちもそう簡単には人間のテリトリーに入ろうとはしませんでした。中山間地の農業が衰退して、里山の森にもそれに続く境界地にも人の手が入らなくなると、動物たちはしだいに活動範囲を広げ、そうしているうちに、いったん人間が育てた植物の柔らかい葉や甘い果実の味を知ってしまうと、危険を冒してでもそれらを求めに来るのです。

シカを防ぐには電気柵を設けるのが一般的な対策ですが、利口なシカたちは柵の切れ目を見つけたり迂回したりして、平気で侵入してきます。とくに森と里の境界線が入り組んでいるところでは、電気柵で両者を明解に区分することすら難しい。壊滅的な被害さえ出なければ、当面は彼らと共存しながら、丁寧な耕作で人間のテリトリーを知らしめていくしかないようです。

カラスとドローン　0918

鳥害に関しては、いまのところは、それほど気を遣わなくてもよい状態です。ムクドリの大群に襲われるとひとつの区画が全滅するほどの被害に遭うことがありますが、さいわい東御市のムクドリは下の町のほうで群れるのを好んでいます。里山の森に棲むトンビの夫婦がときどき畑の上を旋回しているのも、ムクドリを遠ざけるのに役立っているかもしれません。

ニュージーランドのヴィンヤードはどこも美しい風景の中にあるのに、収穫期が近づくとブドウの樹はすっぽりと緑色のネットで覆われます。よほど鳥害がひどいのだと思いますが、景観的にはちょっと残念な気がします。オーストラリアのヴィンヤードでは、ドローンを使って鳥を追い払っていると聞きました。

ヴィラデストはいま千曲川の対岸にある外山城跡の崖の上に新しい畑をつくっていますが、そのあたりは昔からカラスの寝ぐらとして知られていて、いまでも秋になるとたくさんのカラスが集まるそうです。土地を借りたときは誰からもそんな話は聞かなかったのですが……。まだ一部の土地に植栽をはじめた段階なのでカラスの姿は目立たないものの、収穫がはじまる頃にはなにか対策を考えなければなりません。

ドローンを飛ばして追い払うのも一法かと思いますが、なにしろ利口なうえに獰猛なカラスのことですから、ドローンの素性が判明したら、反対にみんなで襲撃してくるかもしれませんね。撃墜されたら大損害。いまから頭の痛い問題です。

山の中の畑　0920

8月24日のブログで報告した、タクシーの運転手さんがもっている農地を、見に行ってきました。運転手さんとその息子さんに案内していただいた土地は、山の中にありました。地籍は上田市ですが、東御市にも立科町にも近い、案内なしでもう一度行けといわれても行けないような場所でした。昭和40年代までは、入植した開拓農家が桑を栽培していたそうです。

いますぐブドウ畑にできそうな土地は、家の前に広がる、1ヘクタール近い平らな敷地です。現在は一部で自家用の野菜を育てていますが、そこを含めて敷地の半分以上が、西部劇でよく見る牧場のフェンスのような、丸太を組み合わせた手製の柵で囲まれています。家のまわりは深い森なので、あらゆる動物が棲んでいそうですが、いちばん多いのはやはりシカだそうです。

50年ほど前までは、あたりは一面、桑畑だったのです。養蚕の時代が終わって、開拓農家が一軒また一軒と姿を消していくと同時に、復活した森の緑がじわじわと増殖し、しだいに動物たちの棲み処になっていったのでしょう。シルクからワインへ。養蚕製糸が日本の経済を支えていた時代には、日当たりのよさそうな斜面があればすぐに桑が植えられたのだと思います。50年の空白の後、桑の木に代わるワインぶどうは人間のテリトリーを取り戻すことができるでしょうか。

雨という情報　0921

昨年はお盆が過ぎるまで雨ばかり降っていたのに、9月に入ると晴天が続いて、台風も秋雨前線もうまくやり過ごして収穫まで好天が続いたので、よいヴィンテージになりました。今年は反対に、お盆までは乾いて暑い夏だったのに、8月後半からは連日の降雨で低温と日照不足にたたられ、ブドウにはそれまで出なかった病気が出るなど、大切な仕上げの時期にやや躓きました。

農民は、天気を選ぶことはできません。たとえどうなろうとお天道様の思し召し、甘んじて受け止めるほかないのです。収穫の直前にこれほどの量の雨に遭うことはめったにないのですが、私は、これでまた新しい情報の蓄積ができた、と前向きに考えようと思います。

雨に降られて病気が出たら、それでも病気が出なかったブドウ樹を選んで、剪定のときにクローンを採ればよいのです。果実が密着しているため湿気が溜まると病気が出やすいとされるピノ・ノワールなどの品種では、少しでも果実どうしが離れている、いわゆる「バラ房」と呼ばれる果房をつける樹を選んでクローンを採取することがおこなわれています。そうして少しずつ時間をかけて、雨の多い日本の気候に合うようなクローンを選んで苗木をつくっていけば、同じ品種でも日本の風土により適合したブドウを、いまより手をかけずに栽培できるようになるでしょう。そうすれば、そのブドウからつくられたワインは、世界のどこにもない日本独特のワインになるはずです。今年の雨は、そのための情報をまたひとつ付け加えてくれました。

試行錯誤　0922

ボルドーにしてもブルゴーニュにしても、古くからの銘醸地では栽培されるブドウの品種は限られており、ひとつのメーカーが何種類も、それぞれ異なった品種のワインを売り出すことはありません。それは長い歴史の中でその土地にもっとも合った品種を選び出してきた結果で、この土地にはこれしかない、という結論の出た品種に絞って栽培を続けているからです。

その点、日本はまだまだ試行錯誤の途中です。だから異なった品種のブドウをあれこれ植えてみて、どれがよくできるか、適性を見極めている段階と考えてよいでしょう。千曲川ワインバレー東地区では、本格的なヴィニフェラ種の栽培が一般化してから、まだ30年も経っていません。

が、その間に、栽培に関する知見や技術は着実に厚みを増しています。これからさらに品種の研究とクローンの選抜がおこなわれ、気象や土壌に関する情報の解析などが進んでいけば、与えられたテロワールを十全に表現する、この地域ならではのブドウができるはずです。

育種という試み　0923

異なった品種をかけあわせて新しい品種をつくる、育種という試みがワインぶどうでもおこなわれてきました。古くは明治時代に「日本ワインの父」と呼ばれた新潟の川上善兵衛が、雨と寒さに弱い西欧系のヴィニフェラ種とその欠点を補うアメリカ系品種とをかけあわせて、「マスカット・ベーリーA」や「ブラック・クイーン」など、今日でも広く栽培されているアメリカン・ハイブリッド（ヴィニフェラ種とアメリカ系品種の交配種）を開発しました。

今日でも、山梨県などの研究機関で、「甲斐ブラン」、「甲斐ノワール」、「ビジュノワール」、「アルモノワール」など、数多くの交配品種がつくり出されています。「甲斐ブラン」は「甲州」と「ピノ・ブラン」の交配。「甲斐ノワール」は「ブラック・クイーン」に「カベルネ・ソーヴィニヨン」を交配したもの。「ビジュノワール」は、「甲州三尺」と「メルロー」を交配してつくった「山梨27号」に「マルベック」をかけあわせたもの。「アルモノワール」は「カベルネ・ソーヴィニヨン」と「ツヴァイゲルトレーベ」……といった具合です。

どれも、ヴィニフェラ種のよいところを残しながら、雨が多くても病気になりにくい、寒冷地でもよく育つなど、日本の条件に合った品種をつくり出そうという、先人たちの思いを込めた研究の成果です。が、時間のかかる育種という事業に挑むその努力には敬意を表しますが、こうしてつくられた交配品種には、致命的な欠点がひとつあります。それは、「これは甲斐ブランの白ワインです」とか、「これがビジュノワールの赤です」とか説明しても、世界中でその名前を知っている人はほとんど（まったく）いない、という事実なのです。

ジャパン・クオリティー　0924

日本と並んで育種が盛んなのはドイツです。ドイツは気候的に、白ワインはできるが赤ワインは難しい、という寒冷地なので、寒さに強くてよく色の出る赤ワイン品種や、香りがよくて早く収穫ができる白ワイン品種などの開発に熱心でした。その結果、ケルナー、ミュラー・トゥルガウ、ドルンフェルダー、ツヴァイゲルトレーベなど、数多くの交配種を生み出し、これらの品種は日本でも北海道などの寒い地域で今日まで栽培されています。

もちろんドイツ本国でもこれらは伝統的な品種として栽培されていますが、最近は地球温暖化によってこれまで難しかった赤ワインがよくできるようになり、またピノ・ノワールなど世界的に名の通ったフランス系の品種の人気が高まってきたため、しだいに交配種の栽培面積は減少する傾向にあるそうです。

ニュージーランドは、ミュラー・トゥルガウの樹を引っこ抜いてソーヴィニヨン・ブランを植えたのがきっかけでワイン大国への道を歩んだ、と9月3日のブログで書きました。それはちょうどニュージーランドのソーヴィニヨン・ブランが、フランスのソーヴィニヨン・ブランとは違う特徴的な香りがあるという理由で人気が出た、そのタイミングに合っていたからでした。

いまは世界中でワインをつくるようになっており、そうした新しい産地のほとんどは世界的に知られたフランス系の品種でたがいに覇を競っているので、誰も名前を知らない品種では端から相手にしてもらえません。ニュージーランドのワイン産業が大発展を遂げたのは、誰もがその名前を知っている品種で、しかも誰も知らなかった香りと風味をつくり出したからなのです。

日本ワインも、いま世界で繰り広げられているピノやメルローやシャルドネなどの国際品種の争いの中に割って入り、その中で日本独特の香りや風味を発揮する、あるいは栽培から醸造に至るあらゆる過程で日本人の感性でなくては実現できない「ジャパン・クオリティー」に到達した、世界で勝負できるピノやメルローやシャルドネのワインをつくらなければいけないのです。

連休を終えて　0925

シルバーウィークは好天に恵まれました。天候に左右される水商売、しかもアベノミクスも中国人観光客の爆買いもまったく関係のない地方の零細事業者も、好天が続いたため春以来の消費の低迷を少しは補うことができました。ヴィラデストカフェも、おかげさまで連日の超満員。そして連休が終わった途端に雨が降りはじめ……ようやく乾いた収穫直前のブドウがまた濡れてしまうのは心配ですが、せめて連休のあいだに降らなかったことだけはよしとしなければなりません。

週末、連休、夏休み……来場客の数が季節や曜日によって極端に増減するリゾート地の飲食店では、スタッフの人数を確保するのに苦労します。客が多い日に合わせて雇用すればヒマなときには人が余り、少ない季節に合わせれば忙しい時期に足りなくなる。だから繁忙期には臨時のアルバイトを頼むことになりますが、それが地方ではなかなか見つからないのです。

アルバイトでも正社員でも、昼間の時間帯だけ働けばよい職種なら、家庭の主婦にお願いするのがいちばんです。家庭の主婦には（少なくとも同年代の男性より）仕事のできる人が多いので、私たちも女性の応募を歓迎するのですが、彼女たちの大半が土曜・日曜の勤務を望みません。仕事をしているあいだ、子供を預かってくれる施設がないからです。週末を忌避するのはかならずしも夫と過ごす時間を求めているわけではないのですが……。

親に子供を預けて外で働ける人は限られます。働きたくても、保育所は土日が休みだから、働くことができない。そういう女性がたくさんいます。日本の社会システムはすべて工業化した企業社会を対象としているので、会社は週末に休むことが前提になっています。そのため、人為的に設定された休日とは無縁の1次産業はもちろん、休日が仕事日となる観光などの3次産業でも、土日に働くことが想定されていないため社会的な支援制度の恩恵にあずかれないのです。

自治体によっては休日保育を実践しているところもあるようですが、農業と観光を地域活性化の目玉にしようと考えるなら、そして女性の社会参加をいっそう促そうとするなら、たとえば「千曲川ワインバレー東地区」の市町村では、土日に子供を預けることのできる保育所をたくさんつくってほしいと思います。6次産業化というのは、これまで2次産業に偏ってきた社会支援の対象を、1次産業と3次産業に振り分けることでもあるのですから。

ワインリゾート候補地　0926

A町では某大手メーカーが15ヘクタールの農地を借りる交渉に入った。B市には8ヘクタールのまとまった土地があるらしい……長野県内では、相変わらずヴィンヤード情報が飛び交っています。大手メーカーの場合は行政の協力を得て地元に農業法人を設立する方式が一般的で、市町村も経済効果の見返りにアクセス道路を拡幅するなどの協力をするケースが多いようです。

A町の場合はまだこれからですが、これで主だった大手メーカーは揃って県内に大きな圃場を持つことになりそうです。ただ、大手のワインメーカーは県の内外に既存の醸造施設があるので、ヴィンヤードをつくってもそこにワイナリーを建てないのが残念です。ブドウ畑の傍らにワイナリーがあってこそ、新しい観光の拠点になり得るのですから。

B市の8ヘクタールは、既存のワインメーカーではなく、ホテルかレストランの経営を手がける企業が取得してヴィンヤードとワイナリーをつくり、飲食と宿泊を楽しめるリゾートにしてほしいと思います。どこか、手を上げてくれる会社はないでしょうか。

大手ワイナリーが続々と進出してくるのは、長野県のワインぶどう産地としてのポテンシャルを評価し、日本ワインの消費拡大に確信をもっているからです。人生を賭けて果敢にチャレンジする個人は数多くいるというのに、新しい有望分野に参入しようとする先見性のある企業はなぜ少ないのか。日本経済の活力のなさを感じます。

お楽しみはこれからだ！　0927

きょうは「村長」の畑の初収穫でした。「田沢おらほ村」の「村長」こと小林茂徳さんは、定年退職後、地区の区長をはじめ、農業委員会の会長や森林組合の組合長を務めるなど、地域のために活躍する私たちの仲間です。小林さんの畑は、ヴィラデストに向かう登り坂を最後で右に曲がる角のところにあって、長いあいだ使われないままになっていました。そこで私たちは、会社を辞めて戻ってきた小林さんに、ワインぶどうを植えることを奨めたのです。

それが、いまから4年前のこと。翌年に植えたメルローとシャルドネの畑は、丹精込めた栽培のかいあって、見事な実りの時を迎えました。きょうは、まず、シャルドネの収穫から。直前の雨のせいで多少の病気は出ましたが、3年目にしては上々の出来といっていいでしょう。

3年や4年は、あっという間に経ってしまいます。自分もワインぶどうの苗木を植えて、将来はワインづくりをやってみようか、でも、いまの仕事も家族もあるし、将来のことも考えると、もう少しよく考えてから決めようか……と迷っているうちに、3年や4年はすぐに経ってしまう。もちろん重大な決断ですからそう簡単に決められないのは当然ですが、あのときスパッと決断して苗木を植えていたら、もう今頃は収穫ですよ、あの3～4年が惜しかったですね……という結果になることもよくあります。

ブドウからワインをつくる仕事には、長い年月がかかります。が、長い年月がかかる仕事だからこそ、素早い決断が必要になることもあるのです。団塊の世代の村長さんも、最初は「この歳だし、いつまでできるかわからない……」と躊躇する気持ちもあったそうですが、「でも、いますぐはじめれば、まだ楽しむ時間は十分にあるはずだ」と前向きに考えて、決断実行したのです。

きょうは、500本の樹から900キロを超えるシャルドネを収穫。収穫されたブドウはすぐにアルカンヴィーニュに運ばれ、房のままプレスされてタンクの中に収まりました。シャンパーニュ方式のスパークリングワインにするつもりなので、熟成に少し時間がかかり、飲めるようになるのは再来年以降でしょうか。まだまだ、お楽しみはこれからです。

還暦ファーマー　0928

千曲川ワインアカデミーの第1期生24名の中には、60歳代なかばの人が2名います。ふつう、60歳を超えた人が役場に行って、「これから農業をやりたい」と新規就農の手続きを願い出ても、「あなた、その歳でいまから農業なんて無理ですよ」といって相手にしてくれません。が、アカデミーでは年齢制限を設けていないので、自分のワイナリーができる頃には古稀を迎えそうな還暦ファーマーたちが、熱心に勉強しながら畑仕事に精を出しています。

だいたいどこの市町村でも、「都会から移住して農業をやりたい」といって相談に来る人には、年齢にかかわらず（たとえ若い人であっても）「農業なんておやめなさい」というものです。就農相談の係は地元の農家の息子で、父親から「百姓にだけはなるな」といわれて役人になった人たちですから、「農業みたいな辛くて割に合わない仕事はするもんじゃない」、「都会から来て急に農業をはじめるなんて無理だ」と思っている。

だから、いくら国や県のトップが「新規就農者を増やせ」と号令をかけても、現場では、簡単に許可して途中で脱落する者がいたら責任を問われる、と考えて、とにかくいったんは断るのです。で、何度断ってもまた頼み込んでくるような「根性と忍耐のある奴」にだけ、しかたないから相談に乗ってやるか……と重い腰を上げるのです。

新規就農者に与えられる支援金などの特典は、おおむね45歳前後の年齢制限を設けています。たしかに、若い頃から農業に従事している人なら80歳まで田畑で働くことができますが、60代から農業をはじめるのは体力的に難しいでしょう。はじめたとしても、何年続けられるか。だから、還暦を過ぎた就農希望者が相手にされないのは無理もありません。

アカデミーが年齢制限を設けていないのは、ワインぶどうの栽培は一代で終わる仕事ではないからです。いったん植えたブドウの樹は、50年も60年も生き続けます。たとえ30歳からはじめたとしても、死ぬ前に誰かに引き継がなくてはなりません。60歳でも同じこと。ブドウの樹は死んだら新しい苗木に植え替え、ヴィニュロンは働けなくなったら若い人に後を託す。こうしてワイン農業は、何世代にもわたって持続していくのです。

これまでは、農地は所有者が家族で受け継ぐのが原則でした。親から子へ、子から孫へ。「後継者がいない」というのは、「後を継ぐ息子（または婿）がいない」というのと同義でした。が、これからは、農地は「所有と使用を分ける」ことにして、血縁のない後継者を指名ないし公募すればよいでしょう。個人でワインぶどう栽培をはじめた若いヴィニュロンが、突然死するケースもあり得ます。その場合は周囲のワイン農家が手伝って間を繋ぎ、早い段階で後継者にバトンタッチすればよいのです。

だから、60歳を過ぎようと、70歳に近づこうと、元気なうちから後継者を用意しておいてくれるなら、私たちは還暦ファーマーでも古稀ヴィニュロンでも歓迎します。

OCTOBER

石垣壊し隊　1001

いまから25年前、私たち夫婦が東御市（旧東部町）に引っ越すとき、土地探しから新規就農の手続きまで親身になって面倒を見てくれた当時の農政課の係長Kさんが、自分の家の近くにブドウ畑になりそうな土地があると教えてくれました。Kさんはだいぶ前にリタイアされましたが、いまでも地域の農業の未来を真剣に心配して、ワイン振興にはとりわけ力を入れてくれています。

土地は全部で5～6反歩（5000～6000㎡）あるそうですが、元は田んぼで、全体が7枚の区画に分かれている。田んぼですからどれも平らな区画で、石垣などで段差がついています。それぞれが平均して1反歩にも満たない面積なので、段差をそのままにしてブドウ畑をつくったら、有効に使える面積はごく小さくなってしまいます。カルビーの松尾元社長がいうように（6月15日ブログ参照）、石垣を壊して、全部を1枚のなだらかな斜面にすることはできないだろうか。

私がそう相談すると、Ｋさんはすぐに地権者と交渉してくれて、数ヵ月後、全員に段差を取っ払うことを了承してもらった、という報告がありました。できそうなことでもできる方策を見つけようとする努力をせず、できない理由ならたちどころに１００でも２００でも探してくる役人が多い中で、Ｋさんの前向きな展望と果断な実行力は現役の頃といささかも変わりません。

そのＫさんは、石垣を壊して１枚のヴィンヤードをつくる経費に、補助金が出せないかと交渉してくれています。いまのところ、荒廃地ではないので補助金は出せない、というのが公式の見解のようですが、かといって、新規就農者に自分でカネを出してその土木工事をやれというのも酷な話です。

担い手がいなくなって放置される田んぼは、これから確実に増えていきます。放置されて数年も経てば、荒廃地そのものになるでしょう。その後の姿をどうするかという展望が行政にあれば、先を見据えた施策を打ち出すことが可能なはずです。

行政が支援をしてくれないのなら、民間でファンドを募って「石垣壊し隊」を結成するか、カルビーの松尾さんに相談してみようと思っています。

東御の日　1003

「観光地ぐるり東御周遊バス」という見出しの記事が今朝の信濃毎日新聞に載りました。しなの鉄道の田中駅を基点として、市内の名所やワイナリーを巡回するバスを春から秋までの週末に走らせる計画を、観光関係者や有識者でつくる「東御観光まちづくり会議」が市に提言した、という内容です。「同会議は周遊バス計画案に合わせ、田中駅に人員を常駐させて観光客などに情報提供する案内所を設ける案も同時に検討している」とありますから、いよいよインフォメーションセンターもできるかもしれません。

きのうの同新聞には、「上田市、循環バス運行」という記事も載りました。観光客や市民の足を確保するために、運賃1回１００円、乗り降り自由のフリー乗車券は1日３００円の、「まちなか循環バス」が10月1日からスタートしたそうです。土日祝日のほか、観光シーズンには平日も運行するという、来年（２０１６年）の大河ドラマ『真田丸』による観光客の増加を想定した企画ですが、これが中心市街地の賑わいを取り戻すきっかけになることを期待します。

ところで、10月3日は「トーミ（東御）の日」ということで、東御市の中央公民館で記念行事がおこなわれました。市長表彰など一連の式典の後に開催された記念講演会の講師は、日本ワインに関する知見では他の追随を許さない、フード&ワインジャーナリストの鹿取みゆきさん。「転換期の日本ワイン産業と長野、東御の可能性」という演題で、日本のブドウ生産量や品種の分布、ワイン生産の実情など、国税庁が発表した最新のデータを駆使して解説しました。集まっていた市の関係者がその内容をどのくらい理解したかは不明ですが、記念式典でワインに関する講演がおこなわれるようになったことだけでも画期的なことだと思います。

長野ワインを世界一にする　1004

「長野ワインを世界一にする」というプロジェクトが、信州大学ではじまるそうです。信州大学には2016年4月から経法学部という新しい学部ができますが、そこの目玉（？）になりそうなユニークな企画です。グローバルな人材をローカルな環境でどう育てるか、現代の大学が地域に貢献できる役割とはなにか。いま転機に立たされている地方大学の存在意義を新しいかたちで証明する画期的な試みとして、文科省からも全面的な支援を得て、向こう6年間にわたってさまざまな活動を展開するということです。

プロジェクトの具体的な内容を構築するのはこれからで、私もごくおおまかな趣旨をこの企画の発案者である東京大学先端科学技術研究センターの玉井克哉教授から聞きかじっただけなのですが、玉井先生をはじめとする数名の先生方が特任教授として信州大学で教鞭を取り、まずは「長野ワインを世界一にする」ために必要な、マーケティングなどの経営の才覚やブランド構築のための法務の知識を経法学部の学生につけさせる。そして大学の社会的な信用や教員の自由な発想を生かし、また卒業生のネットワークも利用しながら、「長野ワインを世界一にする」という目標を掲げて長野県のワイン産業の振興に寄与し、大学が地域結集の核となる……というのがめざすところだといいます。

千曲川ワインアカデミーの運営統括であり、長野県のワイン大使を務める鹿取みゆきさんも、信州大学の特任教授としてこのプロジェクトに参加することになりました。

信州大学のプロジェクト　1005

「長野ワインを世界一にする」ためには、いうまでもなく、その品質を世界一にしなければなりません。と同時に、付加価値が支配するワインの評価においては、いかにマーケティングとブランディングの力によってその付加価値を担保するかが重要な課題となります。この両者は、時系列的に進行する（まず世界一のワインをつくってから、そのワインが世界一であることを知らしめる）のではなく、両者は同時に進行して同時に目的を達成するのです。というよりはむしろ、そのワインが世界一であることを世界中に教えることによって、そのワインははじめて世界一の評価を得る、といったほうがいいかもしれません。ワインはアート作品と同じで、主観と客観の評価が融合する地点で価格に関する合意が形成される、きわめて特殊な商品だからです。

新設される信州大学の経法学部は、その名の通り経済学と法学の分野で「長野ワインを世界一にする」ためのサポートをするわけですが、ということは、その一方で、「長野ワイン（の品質）を世界一にする」プロジェクトも、同時に進めなければなりません。この分野で大学が貢献できるとすれば、それはどの学部の活動になるでしょうか。

ブドウ栽培とワイン醸造に関する、さまざまな情報を収集・解析してデータベース化する作業、そして、世界のあらゆる技術と研究の成果を集約してアーカイブ化する事業。そうした基盤の上に立って独自の研究をすすめると同時に、その研究に学生を参加させることで人材教育をおこなう組織……と考えると、学部をまたぐ別個の拠点で単発の行動を起こすより、やはり、日本のワイン産業を支える拠点となる「ワイン栽培醸造学科」（名前は「ワイン学科」でも「ワインテクノロジー学科」でもなんでもいいですけど）を、どこかの学部に設置する必要があるでしょう。

それは、伊那の農学部か、松本の理学部か、長野の工学部か、それとも上田の繊維学部か。私は7月25日のブログで、上田市にある長野大学か信州大学の繊維学部に、日本で初めてのワイン醸造学科をつくってほしい、と書きましたが、経法学部が「長野ワインを世界一にする」プロジェクトを手がけ、人文学部もワイン関連の講座に力を入れようとしている信州大学としては、どこかが手を挙げなければいけない……のではないでしょうか。

農業と工業のはざまで　1006

ブドウを栽培して、ワインを醸造する。このふたつは、ひと続きのものでありながら、それぞれ微妙に異なる別の世界です。多くの醸造家は、「ワインの質の7割はブドウの質で決まる」といいます。なかには8割という人もいる。昔は「悪い原料をよい酒に変えるのが腕の見せどころ」と考える醸造家も多かったと聞きますが、酒づくりにおける農業の関与が重視されるようになった昨今では、何割かはともかく、栽培されたブドウの質がよくなければ上質なワインをつくることはできない、というのは、いまや誰も疑わない常識となっています。私は、８割というのは醸造家の謙遜が多分に含まれていると思うので、３分の２くらいがブドウの力……かと考えていますが、いずれにせよ、自然の条件に大きく左右される農産品の質だけが１００パーセント重要というわけではなく、かといって人間の技術力だけで１００パーセント加工できる工業製品でもないのがワインの特徴で、与えられた結果（実を結んだ果実）に、人間がなんらかの技術を施してさらに新しい価値を付け加えられるところが、ワインづくりの面白さではないかと思っています。

つまり、農業と工業、その両方の要素があるからワインづくりは面白いのですが、そのために、これを既存の枠で分類しようとすると、無理な仕分けが生じてしまいます。ブドウは農業、ワインは工業。長野県では、ブドウの栽培に関しては農政部が、ワインの製造に関しては産業労働部が管轄しています。原産地呼称管理制度も、制度設計は農政部、実施管理は産業労働部。そのうえワインの販促などには観光部も絡んできて、従来の縦割り行政では対応しきれません。東御市では、ワイン関連のほとんどの業務がいまのところ農林課農政係に集中しているようです。

私は、長野県にも東御市にも、ワイン産業に関して一元的に情報の集約と施策の立案や指示ができる「ワイン振興室」をつくってほしいと要望しているのですが、そうすると、ワインをやるなら日本酒も、ワイン用だけでなく生食用のブドウも……と各方面から声が上がって、公平を旨とする行政は大きく一方に舵を切ることができません。ワイン関係者はワインのことばかり考えているので、ひたすら「ワイン産業で地方創生を」と叫んでいますが、全体の中ではまだまだ説得力がなく、その声は行政にも政治にも届いていない、ということなのでしょう。

栽培醸造学科の将来　1007

ブドウは農政部、ワインは産業労働部、というのが長野県の枠組みだといいましたが、信州大学にワイン栽培醸造学科をつくる場合は、ブドウは農学部、ワインは工学部、とふたつに分けるわけにはいかないでしょう。その点、養蚕製糸という、農業の6次化そのものである長野県のシルク産業を支えてきた繊維学部が、両者を包含するという意味でもっとも適当だと思われます。

東京農大には応用生物科学部醸造科学科があり、全国の大学で唯一「醸造」の名をもつ専門教育機関、と謳っていますが、味噌、醤油、日本酒が中心のようです。山梨大学工学部附属ワイン科学研究センターでは、技術者の再教育やフランスから教授を招聘しての特別セミナーなどをおこなっており、生命環境学部の地域食物科学科に入学すれば、ワイン科学特別コースを選択して同センターで研究をする道も開けるそうです。

ニュージーランドのリンカーン大学ワイン醸造科は、アジア太平洋地域ではオーストラリアのアデレード大学に続く本格的ワイン専門課程として、同国のワイン産業の飛躍的な発展に大きく貢献しました。リンカーン大学のような、学内に専用の圃場と醸造所をもつ栽培醸造学科をつくることは簡単ではありませんが、既存のヴィンヤードとワイナリーを利用してインターンの実習ができるようなシステムなら、県内の大学が名乗りを上げることは十分に可能だと思います。

日本に学部学生を幅広く受け容れるワイン栽培醸造学科ができれば、これまでアデレード大学かリンカーン大学に行くしかなかった日本の学生たちも国内で勉強ができるようになり、将来的にはアジア諸国からの留学生も日本にワインづくりを学びに来るようになるでしょう。

塩尻の志学館高校は、果実酒製造免許をもつ全国でも珍しい高校です。太平洋戦争のとき、潜水艦の音波探知機に使われる酒石酸を生産するために全国でつくられたワイン醸造所の生き残りのひとつですが、ここでワインづくりを学んだ生徒に対しては、県内外のワイン関連企業ほか食品産業からの求人が多いそうです。実際、志学館高校でつくられるワインは日本ワインコンクールでも入賞するほどの実力派で、文化祭くらいでしか手に入らない幻のワインとして人気です。

「長野ワインを世界一にする」ためのプロジェクトの進行と同時に、「長野ワインの品質を世界一にする」ために、栽培醸造に関する諸科学を本格的に学べる学科が県内にできれば、将来の技師や研究者を育てるだけでなく、裾野の広いワイン産業の周辺を支える企業群に人材を供給する学科として、また、ワイン振興に取り組む地方自治体に専門知識をもった人材を送り込む拠点として、就職率の高い人気学科になることは間違いありません。

ワインバレー巡検　1008

千曲川ワインアカデミーのカリキュラムは順調に進行しています。第2期は醸造の勉強が中心ですが、昨日は面白い地形学の講義がありました。東京大学空間情報科学研究センターの小口高教授によるもので、扇状地や河岸段丘などの地形の成り立ち、火山の噴火や気候変動など太古からの地球の活動とそれらの地形との関連、そうした自然による地形の形成に対応して変化してきた農業その他の土地利用の今と昔……何万年も前からの地球の歴史が、いまこの地域でブドウ畑をつくろうとしている私たちの現実の仕事に関わっていることを興味深く学びました。

午前から午後にかけて2時間半の座学の後は、マイクロバスに乗り込んで「巡検」（フィールド・エクスカーション）を2時間半。千曲川の両岸に広がる扇状地や河岸段丘など、ワインバレーをかたちづくる地形をできるだけ広く俯瞰できる場所を何ヵ所か選んで、実際に景色を眺めながら先生に解説をしていただきました。

私たちは毎日のように眺めている風景ですが、地形学の知識をいくつか教えてもらうと、これまでとはまったく違って見えてきます。何十万年という地球の歴史の中で、表層のわずかな土をかきまわしながらブドウの樹を植え育てる……ヴィンヤードはいま収穫の真っ最中ですが、はるか空の上から豆粒のような自分を見下ろしているみたいな、不思議な感覚に襲われました。

こうした哲学的な瞑想を誘う巨視的な物の見方も、自分自身のワインづくりの哲学を確立する上できっと役に立つと思いますが、このような時間軸を含めた分析的な地理情報の読み取りを可能にしたのは、コンピューターの発達によってGIS（地理情報システム）が利用できるようになったためだそうです。空間の広がりを示す地図にさまざまな情報を重ね合わせて視覚的に表示し、それを分析することで目的に沿った具体的な情報を読み取るGISは、ハンバーガーチェーンの出店戦略からヴィンヤードの生産管理まで、あらゆる分野で実戦的な活用がなされている今日的なツールなのです。

GIS（地理情報システム） 1009

たとえばGISを用いて荒廃農地の地形データを解析し、気象ロボットによる観測データと重ね合わせて栽培適性を判断すれば、どこを優先して整備すればよいか、どこからどこまでをブロックとしてヴィンヤードに再生するのが効果的か、などがわかります。また、ヴィンヤード内の局所的な気温や湿度、地中の温度や水分などのセンサー情報（微気象観測データ）に地形的な特徴を重ね合わせて解析すれば、早めに病気の発生を予測したり、凍霜害への的確な対応を可能にするかもしれません。

小口教授は、日本でもかなり質の高いGISデータが無料でも入手できるようになってきたので、できるところから使いはじめたほうがよい。カリフォルニアなどではすでに広くおこなわれているGISを用いたヴィンヤード管理は、いずれ日本でも必須のものとなるだろう、と予測しています。

こうしたシステムは、ワインぶどうだけでなく、あらゆる農産物の生産に関わる基本的な情報として活用できるものですから、長野県の農業データのインフラ整備事業として、これも大学との連携のなかでやるべきことのひとつではないでしょうか。

駅に近い蒸留所　1010

7月21日のブログで書いたように、御代田町にある旧メルシャン軽井沢美術館の跡地は、軽井沢から上田まで続く「ワイン街道」のキーポイントとなる場所にあります。現在その2万8677平方メートルの土地は御代田町の所有となっており、敷地の一部に町役場を建てる計画があるそうですが、もしできたら、かつて美術館として使われていた建物を、長野県のワインと食と農業の姿を総合的に紹介する「シルク&ワイン〝おいしい信州ふーど〟ミュージアム」として再生できたら……と、ひそかに考えていました。

「シルクからワインへ」という、桑畑からブドウ畑へと繋がる自然と人間の関わりと、食と農、ワインと食卓をテーマにした、レストランやマルシェのある楽しいテーマパーク……。軽井沢からワイン街道を経由して長野県に入ってくる観光客のために、「千曲川ワインバレー」の成り立ちと「ワインのある食卓」にのぼる信州の豊富な食材を知ってもらいたいと思って考えた企画で、プランを立てて出資者を募るために、現場の見学を御代田町に申し込んだのですが、見せてもらえませんでした。もう、美術館の跡地利用計画は決まってしまったのかもしれません。

ここは明治時代からのワインメーカーである大黒葡萄酒（後のオーシャン）が１９５５年に建てたウイスキーの蒸留所で、１９６２年からはメルシャンの、２００６年からはキリンホールディングスの所有となり、２０１１年に閉鎖されました。２０００年までここで生産されていたモルトウイスキー『軽井沢』シリーズの残存製品は、日本ウイスキーの世界的な評価の高まりとともにいまや入手困難な超レア銘柄となっています。工場の製造設備一式は、静岡にできるクラフトウイスキーの会社が落札したそうです。

それにしても、しなの鉄道の御代田駅に近い、お酒を飲んでも電車に乗って帰れる場所にある蒸留所が閉鎖されてしまったことは、返す返すも残念でした。もしあと数年も生き永らえていたとしたら、今日のウイスキーブームに乗って、人気の観光スポットになっていたことでしょう。

ウイスキーの原料　1011

ウイスキーの原料は穀類で、大麦のほかにライ麦、小麦、トウモロコシなどを使うこともありますが、風味がよいとされるモルトウイスキーは、大麦の麦芽（モルト）だけを原料にして、単式蒸留器で（複数回）蒸留したものを言うことになっています。スコットランドやアイルランドでは、麦芽を乾燥させるためにピート（泥炭）を焼いて独特な香りをつけるのが伝統です。

ピートというのは、まだ石炭に成り切れていない古植物相の堆積……とでもいえばよいのか、泥炭というその名の通り真っ黒な泥のような柔らかい炭で、私はアイルランドで採掘現場を見たことがありますが、広大な黒い平野のあちこちで採掘機械がのんびりと動いているのが不思議な光景でした。そのときホテルの暖炉の燃料になっていた乾燥ピートを1本、お土産にもらってきたのですが、どうだ珍しいだろうと人に見せているうちになくなってしまいました。

日本では、ニッカウヰスキーが自社使用のために石狩平野で採掘をおこなっているそうですが、以前、あるウイスキー工場を見学したとき、そこではあらかじめピートで香りをつけた麦芽をイギリスから輸入している、といっていました。日本のウイスキーがいま世界中で人気ですが、ウイスキーの場合はワインと違って、原料が日本産かどうかについてはあまりうるさくいわないようです。やはり、どちらかというと「工業の酒」だからでしょうか。

工業化時代の発想　1012

このたび国税庁から告知されるワインの新しい表示ルールでは、「日本ワイン」（日本産のブドウを100パーセント使用して国内で醸造したワイン）の表示が厳密に規定されると同時に、従来は「国産ワイン」という名で呼ばれてきた、外国産のバルクワインや濃縮果汁を原料に使用して国内で醸造したワインは、その旨を表ラベルに明記することが義務づけられるようになります。もちろん原料の産地がどこであれ、味と値段を秤にかけて買うか買わないかを決めるのは消費者の判断ですが、曖昧な表現がまかり通ってきた過去を清算するにはまたとない機会です。

1970年の大阪万博を境に日本人の食生活は洋風化が進み、貿易自由化によってワインの輸入量が増えたことも手伝って、「金曜日はワインを買う日」（サントリー）とか、「夫婦でワイン」（マンズワイン）とか、ワインのコマーシャルがテレビで流れるようになりました。これがいわゆる「第一次ワインブーム」と呼ばれるものですが、「ポートワイン」の名で日本人に長いあいだ親しまれてきた甘味ブドウ酒の消費量を、辛口の本格ワイン（これが世界中で「ワイン」として飲まれている標準的なワインなのですが）の消費量が上回ったのは、１９７５年のことでした。

しかし、急激に需要が増えても、「本格ワイン」の生産を増やすにはブドウ畑から用意しなければなりません。それでは時間がかかりすぎてとうてい間に合わないので、目先の要求に応えるため、大手ワインメーカー各社は手っ取り早く外国から原料を輸入するオプションを選択しました。コンテナで大量に輸入したワイン（バルクワイン）を瓶詰めして、国産のラベルを貼って売る。あるいは、濃縮果汁を輸入して水で増量して醸造する。など、外国産の安い原料をできるだけ運賃のかからない方法で輸入して廉価なワインに仕立て上げる、というのが、１９７０年代の第一次ワインブームから今日まで連綿と続いてきた「国産ワイン」の歴史なのです。

自分でブドウから育ててワインをつくっている小規模ワイナリーの栽培醸造家の中には、この事実をもって「大手のメーカーはインチキなワインをつくっている」と糾弾する人が少なからずいます。たしかにそれは世界的なワインづくりの基準からいけば認め難いやりかたではあるのですが、１９７０年代といえば、日本がようやく工業化による高度経済成長を成し遂げようとしていた時代です。だから大手のワインメーカーが、本来は農業であるべきワインづくりを工業的な手法でつくろうと考えたのは、その時代なら当然の発想だったかもしれません。

工業の世界では、原料の産地がどこであるかは問わないのがふつうです。原料は、安く買えるところから買う。それまではA国で調達していても、B国がより安いことがわかればB国に乗り換える。それを加工して、できるだけ高く売れるところに売る。加工する場所も、日本より税金や人件費が安い国があれば工場はその国に移転する……つまり、土地から離れて資本の論理で動くのが工業の世界で、だからこそ工業製品は高い付加価値を獲得することができるのです。

20世紀はビールの時代　1013

20世紀はビールの時代といわれます。ビールの主原料は麦とホップとビール酵母で（副原料としてコメやトウモロコシを使う場合もありますが）、いずれも乾燥させてどこへでも運ぶことができるものばかりです。あとは（これも原料のひとつである）清潔な水を調達することができ、ステンレス製の醸造機器類や冷却装置などがあれば、都会の真ん中でも無人の荒野でも、どこにでも好きなところに工場をつくることができるのです。

装置産業としてのビール工場は、20世紀に近代化した国家にとって、工業化の指標を端的に表現する絶好のターゲットでした。そのために、アジアでも、アフリカでも、工業立国をめざす新興国がこぞってビール工場を建設したのです。また、そうした工場で大量生産された軽い喉ごしの冷たいビールは、急増するオフィスワーカーにとって格好の慰労となりました。

現在、ビールは世界中でもっとも大量に飲まれている酒類です。これからも多くの新興国で工業化が進めば、ビールの生産量と消費量はさらに増えることでしょう。が、拡大しなければ存続できない工業の世界(ビール業界はまさしくその好例です)では、どこかで飽和状態に達してその成長は鈍化に転じます。日本のような消費先進国では、ビールの需要はすでに頭打ちとなっていることは周知の通りです。20世紀が近代国家の工業化の指標であったビールの時代であったとすれば、21世紀は、農業と情報にかかわる現代的ライフスタイルの象徴であるワインの時代といえるでしょう。

農業的価値観の時代　1014

農業は土で個性を表現する仕事です。その土地でなければできない作物を、その人ならではのやりかたで栽培する。だからこそ、そこでなければできない農産物が生まれてくるのです。とくにワインの場合は、原産地呼称や地理的表示が問題になることからもわかるように、その土地の刻印が捺《お》されたものでなければ価値がない、という理解が広く一般に浸透しています。

農家は夜逃げができない、とよくいいます。田畑をもって逃げるわけには行かないからです。そのように土地と深く結びついた暮らしの営みそのものが農業であり、農業の価値もまたそこにあるのです。土地から離れて資本の論理で動くようになった工業は、世界のどこでも変わらない均質な製品をつくることを目標としますが、土地によって条件が規定される農業では、生まれる産品はひとつひとつ異なり、ひとつひとつ異なることにこそ価値があるのです。

どこの、どんな土地で、誰が、どんなふうにつくったのか。その結果、どこがどう、他の地域でできたものと違うのか。農業の産品であるワインの評価がその違いによって定まるのは当然であり、世界中でワインを飲む人が増えている理由も、いまの時代がそうした「農業的価値観」を求めているからにほかなりません。

工業社会の拡大がその限度に達しつつあり、資本の論理も実態を失って破綻しようとしている現在、世界の人びとの関心が農業的価値観の復活へと向かうのは時代の必然です。その意味で、これまであまりワインを飲まなかった国や地域でワインの生産量や消費量がはっきりと増えているのは、決して一時のブームではなく、時代の流れが生んだ必然的な価値観の変化にともなうものである以上、もう後には戻らない、不可逆的な現象なのではないかと私は考えています。

ワインの文法　1015

日本酒の世界では、酒づくりの仕事は「蔵の前にコメが届いてからはじまるもの」とされてきました。蔵の前にコメが届く頃を見計らって、遠方から杜氏を呼び寄せる。そうして原料生産者と加工技術者を結びつける作業をおこなって醸造の手筈をととのえるのが、日本酒生産のプロデューサーとしての蔵元の役割でした。

日本酒は、麹の酵素の働きでデンプンをブドウ糖に変える（糖化）と同時にその糖を酵母が食べてアルコールにする（発酵）……という複雑なつくりかた（並行複発酵）をするので、ワインよりも工業的な要素が強い（加工の技術によって左右できる要素が多い）お酒です。その意味で、自然の営みにまかせる部分が多いワインづくりは農家にもできる仕事だとしても、より複雑な技術を要する日本酒づくりは杜氏（とうじ）と呼ばれる専門の技術者集団を必要としたのです。

しかし、その日本酒にも「農業的価値観」が求められる時代がやってきて、蔵元はさまざまな変革を迫られています。最近、酒蔵を見学しにやってくる観光客は、「ところで田んぼはどこにあるのですか」と聞くそうです。コメの酒をつくるなら、原料のコメもそこでつくっているはずだ、と考える人が増えてきたのです。このような「ワインの文法」に慣れ親しんだヨーロッパの人びとは、長野県産の日本酒の原料米が岡山や広島から来ていると知ったら、当然それらは原産地を詐称した紛いものだと思うに違いありません。

どこの、どんな土地で、誰が、どんなふうにつくったのか。その結果、どこがどう、他の地域でできたものと違うのか。「ワインの文法」が追求する価値観は、いまやあらゆる食品に影響を及ぼそうとしています。パリのあるチョコレート屋さんでは、製品がすべて、さまざまな国と地域のカカオ農園の名前でこまかく分類されていました。樹齢何年のカカオの樹から収穫した豆を木樽で何週間発酵させて……と、まるでワインのような説明文がついています。コーヒーはもちろん紅茶も（お茶の場合、紅茶も中国茶も日本茶も同じ品種として扱い、発酵の方法で分類するのが最近の傾向です）、それから胡椒までも、国や地域や農園や、ときにはその管理者の名前までが記載され、商品選択の指標となるのです。

日本酒の蔵元の中にも、みずからコメを栽培するところが増えてきました。自社栽培ではなくても、せめて県内の生産者から原料を調達しようという動きも盛んです。杜氏集団の後継者はいなくなり、蔵元が醸造家を抱える、あるいは蔵元のオーナーが醸造家を兼ねる、といったケースがあたりまえになってきました。時代の流れに従って、日本酒にも「ワインの文法」が適用されるようになってきたのです。

20世紀を席巻した工業的なビールの世界でも、最近は「より農業的な」クラフトビールの存在感が高まってきています。土地に根ざした、ひとつひとつ異なる味わいをもったクラフト（手づくり）ビールが再評価されるようになったのも、農業的価値観に基づく「ワインの文法」の影響と考えてよいでしょう。

酒造好適米　1016

日本酒があまり「農業的」でなかったのは、原料品種の違いが酒質にあらわれにくい、という点にも理由があったものと思われます。ピノ・ノワールとカベルネ・ソーヴィニョンの違いほど、山田錦と美山錦の違いははっきりとあらわれない。ワインのソムリエと違って、いくら日本酒に詳しい人でも、ブラインドテイスティングで原料米の品種を当てることはできないだろう、と、少なくともこれまでは思われてきました。

しかし、この「常識」も、変わるときがきたようです。日本酒の原料にするコメは大粒で、表面のたんぱく質を削っても中心部（心白）にデンプンが多く残る、いわゆる酒造好適米と呼ばれるものですが、最近は特徴的な酒造好適米品種が数多く開発されるようになり、日本酒を提供する側も、銘柄の横にわざわざ品種名を明記する店が多くなってきました。醸造技術の進歩で酒質に品種特性が表現されるようにもなったのでしょう、敏感な日本酒愛好家は、舌の上で品種の違いがわかるようになってきているのだと思います。

美山錦、金紋錦、ひとごこち……長野県も、これまで多くの優れた酒造好適米品種をつくり出してきました。食用と酒用では好適な品種が異なること、食用と違って酒用にする場合は収量制限が必要なこと……など、ワインのぶどうと日本酒のコメには共通する点が多くあります。もちろん、ほかでもないその土地でつくらなければ意味がない、その土地の刻印が捺されたものでなくては価値がない、という認識も、共通するようになりました。TPPをめぐる問題が取り沙汰される中、外国からの輸入品を相手にする必要のない酒造好適米は、ワインぶどうと同様、国内の農業を守るためにもっとも適した作物ではないでしょうか。

……もちろん、そんなに酒ばっかりつくってどうするのだ、といわれれば、酒飲みとしてはうまく反論できませんが。

TPP対策　1017

TPPをめぐって、政府による農業の保護策が議論されています。結局はまた無闇にカネをばら撒くだけに終らなければよいのですが。

ウルグアイ・ラウンドによるコメの市場開放のときは、国内対策事業費として6兆円を超える予算が組まれましたが、その大半は無駄な建設費に使われたと指摘されています。東御市（当時は東部町）はそのおカネで温泉施設をつくりました。いまでも市民が利用するいいお湯で、たしかに「農業従事者の疲れを癒やす」ためには役立っていますが、それが地域の農業の強化や農村の再生に繋がったかといえばいささか疑問です。

5年ほど前からは、戸別所得補償制度により、中山間地域の米作農家に補償金が支払われるようになりました。が、集落ごとにまとめられた補償金は、そのほとんどが農道の舗装に使われたようです。また2015年から多面的機能支払交付金という制度が実施され、農村の多面的な機能を発揮するためにという名目で水路の改修や施設の修繕などに使えるおカネが配られるようになりましたが、どの地域でも農業人口が減って荒廃地が増えている現状ではあまり意味のある使いかたができず、今年はもっぱら土手の草刈りばかりやっていました。ビーバー（刈り払い機）をかついで地域の草刈りに参加すれば2時間足らずで2500円の日当がもらえるので、農家にとって多少の臨時収入になったことはたしかですが……TPP対策では、こんどこそ有効な税金の使いかたをしてほしいものです。

6次化チーズ工房　1018

TPPによる影響を大きく蒙る仕事に、酪農と畜産があります。私たちの地域にも酪農や畜産を営む農家がありますが、どこもさぞ経営が大変だろうと想像します。一方で、チーズをつくりたい、ハム・ソーセージをつくりたい、でも資金がなくて独立できない、という者もいます。両者をうまく結びつけることはできないでしょうか。

乳牛を飼っている農家が「6次産業化」してチーズ工房をつくる。あるいは豚を飼っている畜産農家が「6次産業化」してハム・ソーセージの工房をつくる。ブドウ栽培農家がワイナリーをつくるのと同じことですが、原料生産者と加工技術者をうまくマッチングして工房をつくるその費用を、TPP対策費から出してもらうのはどうでしょうか。牛乳や豚肉を農家から高く買って工房に安く売り、差額を国が負担してくれるのもいいですね。

小さなワイナリーの隣に生ハムと手づくりソーセージを売る店がある。牛が遊ぶ牧場の一角にはチーズ工房が。そんな光景が実現すれば、ワイン産地はいっそう楽しくなることでしょう。

森林放牧豚　1019

本来、豚は森で飼うものでした。ヨーロッパでは春になると仔豚を森に放ち、自然の中で育った豚は秋になるとドングリを食べて丸々と太ります。それをクリスマスの頃に屠《ほふ》ってベーコンなどの保存食品をつくり、長い冬に備えるのです。スペインのイベリコ豚の生ハムでも、もっとも高級なものは森の中で「ベジョータ（ドングリ）」を食べて育つ豚でつくられます。

いま、東御市に、豚を森で飼おうという若者のグループがいます。他の地域でも、同じような取り組みがあるようです。森林放牧豚。養豚農家の多くが周囲の都市化により移転や廃業を余儀なくされる中、人の手が入らなくなった里山の森を天然の牧場にするアイデアは、新しい畜産の可能性を切り拓くかもしれません。実際に成功させるまでには多くのノウハウを積み重ねる必要があると思いますが、ヨーロッパの古い知恵を日本の森でもぜひ生かしてほしいと思います。

国境警備隊　1020

豚を森に放つ場合、柵をする必要はあるだろうか。クマは豚を見てどう思うか。シカたちはどういう反応を示すだろう……。素人考えでも、いろいろなことが想像されます。それなら豚といっしょに、ヤギを飼ったらどうだろうか。ヤギは頑健で、見た目は大人しそうですが気性が強く、ヤギを森際で飼っているとシカが来ない、という人もいます。

近年、クマが人里に下りてくるようになったのは、犬を放し飼いにしなくなったからだという説があります。クマは人間が食べているおいしそうなものを求めて里に下りてくるのですが、昔はクマの接近を察知すると犬が走りまわって吠えるので、なかなか森を出てこられなかった。それに森との境目の近くまで畑を耕して作物をつくる農家が多く、山菜、キノコ、薪取りなどで森の中に絶えず出入りしていたので、それだけ人間と犬のテリトリーが広く確保されていたのです。

千曲川ワインバレーでは、昭和40（1965）年あたりを境に消滅していった養蚕のための桑山を、「シルクからワインへ」という合言葉のもとに、ヴィンヤード（ワインぶどうの畑）として再生しようとしています。ワイン産業が50年ぶりに桑山に命を吹き込むことができるなら、従来生産性が低いとされてきた中山間地域（森に続く里山の斜面）の価値を一挙に高める、画期的な地方創生策になるでしょう。

が、いったん動物たちに明け渡してしまった森際の土地を私たちが取り戻すには、ブドウの若葉や果実を食べにやってくる彼らに、森に戻ってもらわなければなりません。ハムをつくる豚と、チーズをつくるヤギと。一石二鳥（一森二畜？）の里山森林牧場は、クマやシカに対する有効な国境警備隊になるでしょうか。

自然派ワイン　1022

ブドウを潰して置いておくと、自然に発酵してワインになる……というのが原初のワインのつくりかたで、欧州系ブドウの原産地であるジョージア（グルジア）では、床に埋めた素焼きの壺に収穫したブドウを放り込んで突き潰し、できたワインを汲んで飲むのが慣わしでした。秋から飲みはじめると春を過ぎる頃には酸化して飲めなくなりますが、ワインはもともと冬のあいだ栄養のバランスを取るために飲む「野菜代わり」の飲みものだからそれでよいのです。

時代を経るごとにワインの製法は進化し、天然酵母にまかせておくと雑菌が入るので培養酵母を使って発酵を管理する、できるだけ空気に触れないようにしても酸化を防げないなら酸化防止剤を投入する……など、人類が手に入れた科学的（化学的）ないし工業的な手段を用いて、私たちはブドウがワインになる過程を人為的にコントロールしようと努力してきました。

今日「グラン・ヴァン（偉大なるワイン）」と呼ばれるような高価なワインも、また日常に飲みやすいスッキリとした味わいのテーブルワインも、いずれもそのような努力の結果として生まれてきたものです。が、近年、管理し過ぎたワインは面白みがない、あるいは、製法が近代化する過程で失われてきたものを取り戻したい、などの理由で、自然に還る、昔に帰る……という動きがさかんになっています。

醸造は自然の営みにまかせてできるだけ管理の手を加えない、というだけでなく、栽培にもできるだけ農薬を使わないとか、さらにはトラクターの代わりに馬で耕す、太陽暦ではなく月の満ち欠けにしたがって農作業をする、など、どんどん昔に遡ろうと、さまざまなチャレンジをするようにもなりました。自然派（ＢＩＯ）、オーガニック（有機）、ビオディナミ……呼びかたや定義はそれぞれ微妙に異なりますが、いずれも「工業的」な要素を最大限に排除して、より自然の状態に近い環境でワインをつくろうという、ポスト工業化時代ならではの考えに基づいています。

臭いからおいしい？　1023

自然派ワインの店、というところに行ったことがあります。もちろんそのように銘打ったワインバーはあちこちにたくさんあるのですが、その店はなかでも筋金入りの自然派信奉者が集まるので有名な店のようでした。

友人に連れられて行ったのですが、最初に店主が出してきたのは飴色の白ワイン。グラスに鼻を近づけると、酸化して「いってしまっている」匂いがしました。私なら、あ、こりゃダメだ、といって捨てるところですが、その店に集まる人たちは、「この匂いがいいんだよね」とか、「臭いところに味がある」とかいって、よろこんで飲んでいるのです。

日本酒の世界でも、昔は多様で変化に富んだつくりかたをしていたのに、より近代的に、雑味を廃したきれいなつくりかたをひたすら求めてきたために、味わいがかえって単調になってしまった。だからいま、山廃だとか生酛（きもと）だとか、ちょっと昔に返った古いつくりかたをあえて採用するつくり手が増えているのです。ワインの場合も、雑菌が少しくらい入ったほうが自然でよいとか、異臭でもうまく使えば特徴になるとか、昔に戻すことで新しい感覚を生み出そうとする醸造家たちが先端的な試みをおこなっています。

私は学生時代にフランスでワインを知った古い飲み手なので、あまり幅の広い味覚をもっていませんが、現代のワインは本当に多様です。つくり手の立場からすれば、何でもアリの自由で面白い時代になった、ということができるでしょう。

物語を表現する　1024

ワインのつくりかたが多様になったということは、ワインを消費するマーケットもまた多様化したということです。これまでは、それこそロマネ・コンティなりペトリュスなりを頂点として、ワインの評価はピラミッドのように階層化されていたかもしれません。が、いまではそのほかに自然派ワインのグループがあり、日本ワインの一団があるなど、同じ基準では評価できない複数のクラスターが市場に割拠して、たがいに棲み分けるようになりました。

消費者の中にも、それらのクラスターを自由に飛び歩く、ワイントロッターとでもいうべき存在が出てきました。彼ら彼女らは、外国ワインを飲むときは1000円台しか買わないが、日本ワインなら3000円は出す。あるいは、フランスワインの場合は値段で買う買わないを決めるが、自然派ワインだと価格よりも珍しさを優先するなど、それぞれ独自の購買基準をもっています。

千曲川ワインアカデミーの生徒たちに、私はつねづねこういっています。まず、自分はなぜワインをつくるのか、そのためになぜこの土地を選び、栽培する品種を決めたのか。それから、世界中で無数にあるワインのつくりかたのうち、どういう考えでそのつくりかたを選んだのか。つまり、世界のワインの歴史の中で、いまの自分はどこに位置するのか、それを説明したまえと。しっかりとした自分の哲学をもち、1本のワインができあがるまでの物語を説得力をもって語ること。面白い苦労話を1時間たっぷり聞かせた後で、これが私のつくったワインです、といってボトルをもち出せば、(よほどひどいワインでない限り) 3000円でも買ってくれると思います。

ワインの値段は絵の値段　1025

ワインは農業の産物ですから (工業製品と違って) 一本一本味が違います。同じ対象を描いても画家によって違う絵になるのと同じです。とくに評価の基準が多様化した現在、ワインの値段はますます絵の値段に似てきました。

100万円出しても買いたいと思う絵もあれば、タダでくれるといってもいらない絵があります。前者の市場価格が20万円、後者のそれが100万円、と聞いても好き嫌いは変わりません (もちろん100万円の絵をタダでくれるなら、もらっておいて売りますけど)。それでも目利きから見ると、いい絵、悪い絵の区別はおおよそのところはつくもので、だからこそおのずと価格が決まり、その価格を基準に取り引きが成立するのです。しかし、果たしてその価格が本当に客観的なものかといえば……誰もが納得する明解な説明は得られないでしょう。

ワインの世界でも、プロのテイスターが試飲をして点数をつける場合、だいたい7〜8割は評価がほぼ一致するかもしれませんが、あとの2〜3割は、どうでしょうか、かなり評価は分かれるのではないかと思います。とくにそれが自然派か自然派に近いワインの場合、もっと評価が割れるかもしれません。

好きか嫌いか、それがいくらまでなら買うか、いくら以上なら買わないかは、自分が決めればよいのです。販売価格が自分の決めた値段に合致すれば買うし、合致しなければ買わない。ワインの値段は絵の値段。そう考えればわかりやすいと思います。

ワインづくりはアートである　1026

ニュージーランドのリンカーン大学で使うパワーポイントのテキストを見ていたら、大きな画面の真ん中に三角形の図が出てきて、絵を描いている画家と、機械を動かしている労働者と、白衣を着た研究者の姿が描いてありました。それぞれの横に書かれた言葉は、〈ART・LABOR・CHEMISTRY〉……つまり、ワインづくりは「アート（芸術）」と「レイバー（労働）」と「ケミストリー（化学）」がバランスよく交じり合ったものだ、と説明しているのです。

たしかに、土をキャンバスにして自己を表現する、そして自然の営みに寄り添いながらも表現者としての個性を発揮するワインづくりは、まさしくアートというべきものでしょう。が、そのアートとしての表現を可能にするために必要なものは、たゆまぬ労働と正しい化学の知識であると。……だとすれば、ワイン栽培醸造学科をつくるなら、東京芸大か日大芸術学部がよいでしょうか？

無添加ワイン　1027

自然派ワインに人気が集まるのは、食品の「安全・安心」に神経を尖らせる人が多くなったからでしょう。どんな食品でも「安全」はつくり手の努力で客観的に担保することが可能ですが、「安心」は主観的な判断なので、つくり手がどんなに説明しても、消費者みずからが納得しなければ得られることはありません。

無添加ワインという言葉も、誤解されやすい言葉です。ワインはブドウの果汁を発酵させて保存しておくもの、といいましたが、ブドウがワインになる過程で、酸化防止剤として亜硫酸塩を加えることが古くからおこなわれてきました。「無添加ワイン」というのは、この亜硫酸塩を加えていないワインを意味すると理解してよいでしょう。

フランスのような、百年以上にわたって毎日のようにワインを飲み続けてきたワイン消費先進国では、ワインに亜硫酸塩が入っているのは当たり前のことなので、誰も気にしません。が、日本では、いわゆる「食品添加物」のひとつとして厳しい目を向ける消費者がいて、ワインを飲むと頭が痛くなるのは酸化防止剤のせいだ、などと主張する人もいます。自然回帰を求めるのは世界的な傾向なので、日本以外でもこういう人は増えてくるかもしれません。

実際のところ、酸化防止剤（亜硫酸塩）ナシでワインをつくることは、いまのところ限りなく不可能に近いことです。もちろん、できあがったワインに亜硫酸の臭いが残っているようなものは論外で、できるだけ少ない量でその効果を引き出すのが醸造家の技術でもあるわけですが、まったくナシで醸造することは、一般的には大きなリスクをともなうのがふつうです。

世界には、無添加で上質なワインをつくるワイナリーも、ないわけではありません。が、そのようなワインでも、数年以上経過すると、やはり劣化は免れないようです。いま日本で一般に「無添加ワイン」として売られているものの大半は、良心的につくられてはいるけれども長もちしないジュースに近いようなワインか、もしくは除菌や加熱など人為的な変質防止処理をほどこした海外原料使用の廉価品か、といったところではないかと思います。

将来は、伝統的な亜硫酸塩に代わって発酵と熟成を確実に進める役割を果たす、筋金入りの自然派でも納得できるような新しい方法が発見（あるいは発明）されるかもしれません。が、その日がくるまでは、「安心」できないから亜硫酸塩の入ったワインは飲まない、といわれれば、つくり手としては黙って引き下がるしかないでしょう。

硫黄とワイン　1028

完全無農薬でブドウを栽培するのは難しいので、ＢＩＯ（自然派）ワインのブドウ栽培基準として認められている無化学農薬栽培でも、春先の芽吹きの直前に散布する石灰硫黄合剤と、その後ブドウの葉を硬くして病気に抵抗するために撒くボルドー液だけは、使用が認められています。

石灰硫黄合剤は、ヴェルサイユ宮殿の菜園主任だったグリゾンという園芸師が1851年に考案したもので、バラや園芸果樹の病気に著効があることから、ブドウにも常用されるようになりました。ボルドー液は1882年にボルドー大学のミラルデ教授が、メドック地域のブドウ畑の中で、盗難防止のために硫酸銅と石灰を混ぜた溶液が撒かれていた街道沿いの畑にはベト病が出ていないことに気づき、それから農薬としての使用がはじまったといわれています。

ボルドー液は、いまではすぐに使える状態になったものが売られていますが、私がブドウ栽培をはじめたいまから20年ほど前は、使うたびに自分でつくったものです。まず、生石灰に水を注いで消石灰の溶液（石灰乳）をつくります。一方、硫酸銅の青い結晶を湯に溶かして硫酸銅液をつくり、片手で白い石灰乳を絶えずかきまわしながらその青い液を少しずつ混ぜていくのです。

生石灰に水を注ぐと、烈しく反応してモクモクと白煙が上ります。硫酸銅は前の晩から溶かしておくのですが、石灰乳をつくってそれと混ぜ合わせる作業は、消毒をする日の早朝に起きて庭先でやりました。夏の朝、たちのぼる白煙を見ながらこれからやらなければならない作業に気合を入れていたあの頃が、ボルドー液と聞くと鮮明によみがえります。盗難防止用に撒いたのは、青と白が混じった不思議な色が泥棒を躊躇させたからだろうか、などと思いながら。

それにしても、ワインの酸化防止に亜硫酸塩が使われるようになったのも、木樽を使用する前に樽の中で硫黄を燃やして薫蒸したのが最初だといわれるように、硫黄とワインには特別の縁があるようです。

奇跡のブドウ　1029

木村秋則さんによるリンゴの無農薬栽培（無農薬無肥料の自然栽培）は「奇跡のリンゴ」として有名になりましたが、誰にでもできるものではありません。ワインぶどうの場合、無肥料の畑ならいくらでもありますし、少なくとも私たちのまわりでは除草剤を使っているヴィンヤードはないと思いますが、欧州系品種（ヴィニフェラ種）をまったく農薬を使わずに栽培することは、日本の気候では不可能と考えたほうが安全でしょう。

同様に、天然酵母で自然派のワインをつくるのはよいとして、酸化防止剤（亜硫酸塩）をまったく添加せずにワインをつくるのは、きわめて大きなリスクを抱える冒険であることはすでに述べました。

が、これからブドウを育ててワインをつくろうという人の中には、最初から「ピノ・ノワールで自然派のワインをつくりたい、できれば酸化防止剤も使わずに……」という人が、少なからずいるように聞いています。そういう人たちはできれば農薬も使いたくないと思っているに違いありませんが、ただでさえ病気になりやすいピノ・ノワールを、最初から減農薬でやるのは相当難しい。もし、それでなんとか収穫があったとしても、その先にもっと難しい無添加醸造が待っているのだとしたら……。

生活費にも事業資金にも困らない金持ちの道楽なら、それもまた楽しいチャレンジかもしれません。が、その年にできるはずのワインが全滅したら、収入はゼロになってしまうのです。たしかにワインづくりはアートであるにしても、絵なら1年に何枚も描けますが、ワインは1回しかできません。それに、アーティストが生活破綻者であったのは昔の伝説で、いまの時代に成功するのは、マーケティング戦略とセルフプロデュース能力に長けたアーティストなのです。

地方創生交付金　1031

政府による地方創生交付金（全国のモデルとなる地方創生関連事業への交付金）の配分状況が発

表され、長野県と県内42市町村が申請した延べ65の事業に合計8・5億円が配分されることが決まったそうです。が、発表された事例の中にワイン産業の振興に関する提案はひとつもありませんでした。私たちがいくら「ワイン産業振興で地方創生を」と叫んでも、もう少し実力をつけないと、このレベルで取り上げられる公的な施策としては認められないのでしょう。

私たちが、ブドウ畑を増やしたい、ワイナリーの数を増やしたい、というと、そんなにワインをつくって売れるのか、とか、一過性のブームではないのか、とか、いまワイン産業を支援するのは行政のミスリードにならないか、という声が、地方議会の議員さんなどから上がるそうです。そういって難色を示す人のほとんどはワインを一度も飲んだことがない人たちで、そういう人たちに、ワイン産業が切り拓く未来について想像しろというほうが無理なのかもしれません。

今年の東御ワインフェスタ（9月5日ブログ参照）にも、市町村の議員さんや行政関係者、農協などの団体の代表ら、おおぜいの黒い服を着た人たちが視察に訪れましたが、みな一様に、会場に若い女性が多いことに吃驚していました。こんなに若い人が多いなんて。こんなに女性がたくさん集まるとは……。田舎では、若い女性を見る機会が少ないですからね。そういう人たちが決定権をもっている世界では、ワインの存在はまだ当分認められそうにありません。

NOVEMBER

日本ワインを買おうとする人　1101

ラグビーやサッカーの日本代表を応援するように、日本ワインを応援したい。だから多少高くても買っているが、それにしてももう少し安くならないか。そういう声をよく聞きます。どうやら日本ワインは（外国産のワインに較べて）割高である、という認識が一般にあるようです。

この場合、「高い」というのは3000円から5000円、「安い」というのは1000円から2000円くらいのことをいっているのではないかと思います。6000円とか8000円とかの日本ワインもありますが、それらは最初から対象外。逆に1000円以下では品質に問題がありそうだと感じている……といったところが、日本ワインを買ったことがある、あるいは買おうとしている、日本ワインに興味のある消費者の感覚ではないでしょうか。

日本ワインを買ったことがある、あるいは買おうとしている消費者というのは、すでにある程度ワインに親しんでいて、そう、少なくとも1ヵ月に2～3回はワインを飲む機会がある人……と考えてよいでしょう。1ヵ月に2～3回で合計1本分のワインを飲んだとすれば、その人の年間消費量は12本。これだけで日本人の平均の3倍の量を飲んでいることになります。

日本人は平均して1年で4本のワインを飲むというのが最近の統計ですが、日本人が飲んでいるワインの60パーセント以上は外国産のワインで、30パーセント以上が（これまで「国産ワイン」と呼ばれてきた）外国産の原料が半分近く入った国内メーカーの安いワインです。日本国内で収穫したブドウを日本国内で醸造した「日本ワイン」が占める割合は、せいぜい5パーセントくらいではないかといわれています。

……ということは、たとえ「今後も日本人のワイン消費量の全体が増えることはない」と仮定した場合でも、「国産ワイン」が5パーセント減って、その分を補うことで日本ワインのシェアが10パーセントまで伸びれば、それだけで日本ワインは一気に足りなくなってしまうでしょう。

日本では酒類全体の売り上げが減っていますが、その中でワインだけが微増していて、なかでも日本ワインははっきりとした増加傾向を示しています。だからこれまで海外原料を使うことに熱心だった大手メーカーも本格的に日本ワインをつくろうと動きはじめたわけですが、それでもまだ消費者の数が限られているということは、その分だけ大きな伸びシロがあると考えるのが妥当でしょう。

関税とワイン価格　1102

もしＴＰＰが発効して、輸入ワインの関税が安くなったら、日本ワインは売れなくなるのではないか。そういう質問をよく受けます。現在、日本のワインに対する関税は「15パーセントまたは１リットル当たり１２５円のうちいずれか低い税率」ですから、関税がなくなれば１本（７５０㎖）当たり１００円近く安くなる計算です。

チリとのあいだでは２００７年に発効したＥＰＡ（二国間経済連携協定）によってすでに関税は段階的に引き下げられており（２０１９年にはゼロになる予定）、その影響もあってチリワインの輸入が急増しています。２０１４年にＥＰＡが発効したオーストラリア（２０２１年に関税ゼロになる予定）も今回のＴＰＰ加盟国のひとつですが、これにアメリカやニュージーランドなどのワイン生産大国が加われば、輸入ワインの価格が全体的に安くなることは間違いありません。

現在も日本でつくられている大手メーカーの安価なワインは、その多くが海外から輸入するバルクワインを原料にしているので、関税がなくなれば原料価格も安くなります（バルクワインはEPA発効後即時関税撤廃）。が、ワインの表示ルールが改定されて、海外原料を使った「国内製造ワイン（旧・国産ワイン）」のイメージが悪くなると、海外から直接ボトルで輸入される「本物の外国ワイン」との価格競争に勝てないのではないか、と大手メーカーは怖れているようです。

スーパーやコンビニに行くと、500円から600円といった価格帯のワインがたくさん売られています。実際、いま日本でもっとも多く売れているのは、このレベルの価格帯のワインなのです。このあいだ近くのスーパーで、1本285円というワインを発見しました。手に持つとズシリと重い、チリ産の750㎖のフルボトル。この重量のガラス瓶を地球の反対側から日本へ、そして横浜の港から信州の山の上に運ぶだけで、利益が吹っ飛んでしまいそうな値段です。

おそるおそる買って、飲んでみたら……たしかにワインではあるけれども、ただ「いちおうワインです」というだけの、気持ちが寂しくなるような飲みものでした。

関税撤廃の影響は？　1103

ワインは500～600円前後のもの、と考えている人は、2000円や3000円のワインを買うことはめったにないでしょう。逆に、ふだんは1000円台だけれども、たまには3000円のワインも飲む、という人は、500～600円のワインには興味がないでしょう。何万円もする高級ワインを自宅のセラーにもつ人にとっては、2000円といえばバーで飲むグラスワインの値段でしかありません。

日本におけるワインの最大販売価格帯である500～600円台で熾烈な競争を繰り広げるメーカーにとって、100円の価格差は死活問題です。500円前後のワインを探している人は、産地や銘柄や品種より、価格でワインを選ぼうとするからです。そのかわり、2000円前後かそれ以上の額をワインに支払おうとする人は、100円くらい高くても自分の好きな産地や銘柄、あるいは試してみたい品種などを基準に商品を選ぶでしょうから、関税の撤廃がそれほど大きなインパクトを与えることはないと思います。

また、外国ワインの場合は、関税の軽減ないし撤廃で輸入価格が下がったとしても、末端の小売値段に直接反映されるとは限りません。１００円程度の差であれば、円安か円高かの影響のほうが大きいからです。円安が続いている現在の状況では、多少関税が下がったからといって、輸入する商社は値下げまでは考えないでしょう。

日本ワインでも、アメリカ系品種などを使った低価格帯のワインは、１０００円以下ないし前後のレベルで輸入ワインとの競争に巻き込まれる可能性があります。そのときに、消費者はちょっと高くても日本産を選ぶ……か、どうか。同じ日本ワインでも、シャルドネやメルローなどの西欧系品種（ヴィニフェラ種）による２０００円前後かそれ以上の価格のワインには、先に書いたのと同じ理由で、関税の撤廃はそれほど大きなインパクトを与えないものと思われます。

先進国と新興国　1104

フランスは、40年前と較べると3分の1に消費量が減りましたが、それでもまだ年間１人当たり約60本のワインを飲んでいます。昔はほとんど毎日、食事のときにはかならずワインを飲んでいたので年間１８０本もの消費量があったのですが、最近は週末くらいしか飲まなくなったのでこの程度の数字になっているのです。

しかも、さすがにワイン先進国だけあって、値段が安い。ふだんの週末に飲むスーパーで買うワインなら、7~8ユーロ（約1000円）も出せば十分過ぎるくらいのクオリティーのものが手に入ります。パーティーをやろうという週末だって、ワインに20ユーロまで出す人はそう多くないでしょう。もちろん町のワイン専門店に行けばもっと高いワインも売っていますが、そういうワインを買うのはほんのひと握りのフランス人だと思います。

ワインはブドウを発酵させ、熟成するまで置いておくものなので、長期にわたって保存するための場所が必要です。しかも醸造機器類を使うのは一年に一度、12ヵ月のうちの大半は機械をただ保管しておくだけという、無駄なスペースと大量の在庫を抱えるのが商売なので、土地代の高い日本はそれだけで不利になります。またほとんどの機器類が外国からの輸入品なので割高になり、しかも人件費も高いという、コストを上げる要因がいくつも重なっているのです。

フランスとかイタリアとか、チリもそうですが、古くからワインをつくってきた国や地域では、栽培農業から製造流通の分野まで、税制を含めてワイン産業を支える基盤がしっかりできあがっているので、コストを吸収するシステムが有効に機能しています。それに対してワイン生産の歴史が浅い新興国では、それらのインフラが成熟していない分だけコストが高くなるのです。

国が後押しする産業　1105

ニュージーランドも新興国のひとつで、宗主国だった英国の影響でビールしか飲まなかった国民が、赤玉ポートワインのような初心者向けの「ワインもどき」を卒業して本格ワインの味を知るようになった時期は、日本とさほど変わりません。が、その後の40～50年のワイン産業の発展のペースは目覚しいもので（９月３日ブログ参照）、国民一人当たり消費量が50年間で３本から22本にまで増えると同時に、輸出量も増加して２００５年には国内消費量を超え、いまやワインはニュージーランド経済を支える重要な輸出産業となっています。

ニュージーランドやオーストラリア、南アフリカなど、また、中国やインドの一部地域や米国のいくつかの州がそうであるように、ワイン産業が国や地域の経済を支えるまでに急速な発展を見せているところでは、政府や自治体による産業育成のための政策が強力に推進されています。ワイン産業を発展させ、国内での消費と生産を伸ばして輸出に繋げるという、明確な意志のもとにあらゆる政策資源が投入されているのです。逆に、そうした公的な後押しがなければ、短期間にワイナリーの数が何十倍にも増えるような急激な発展は望むべくもありません。

ニュージーランドはその意味でも日本のお手本となる好例のひとつですが、歴史の浅い新興国であるだけに、旧世界と較べるとワインの価格は平均してやや高めです。が、その高いワインを国を挙げてのプロモーションで世界中にうまく売り出していることは注目に値します。

10ドルから100ドルまで　1106

先日、ニュージーランドのワインメーカーがやってきたので聞いてみたら、生産農家がブドウをメーカーに売る場合の価格は、平均して1キロ当たり300円程度だろうという話でした。キロ300円なら日本と同じです。日本では、品種によっては150円くらいから取り引きされ、最近は質のよいヴィニフェラ種なら500円で買うというメーカーがあらわれたとも聞きますが、一般的には300円前後の場合が多いと思います。

原料ブドウの価格は、ニュージーランドでもアメリカでも、だいたいキロ150円から300円くらいという平均は日本と変わりませんが、年によって大きく変動するようです。生産量や輸出量などの増減で相場が動くのでしょう。私が話を聞いたワインメーカーは、品質のよいピノ・ノワールならキロ1000円でも売れる、といっていましたが、そのかわり、生産過剰の年はニュージーランドでも大幅に値下がりして、バルクワインの原料にまわることもあるそうです。

日本の大手メーカーがバルクで輸入するワインは、1リットル110円前後（ボトルに換算すれば1本83円弱）だそうです。ワインになってこの値段ですから、その原料となるブドウの価格は想像がつくでしょう。世界のバルクワイン市場では、チリ、オーストラリア、アメリカ、南アフリカ……などが競争しているそうですから、安いほうのワインの価格は、歴史の差というより、大量生産ができるかできないか、に関わってくるようです。

こうした事情を勘案すると、日本ワインの値段は、決して高過ぎることもなければ、安過ぎることもないように思えます。日本ワインが生産過剰になってバルク市場にまわることは考えられませんし、ブドウ価格が高騰してワイン価格に跳ね返る、ということも起こりそうにありません。とくに自園自醸のワイナリーが増える傾向にある長野県では、大事なことは、なによりもそれぞれのワイナリーが努力して販売価格に見合った品質を担保することであり、1000円台から2000円台のワインの質をいまより向上させると同時に、3000円~5000円で売れるワインの層を厚くして、さらには1万円以上で市場に流通できるような高級ワインを育てること、ではないでしょうか。いまはまだ「高くて売れるワイン」が少ないのが実情ですが、「10ドルから

１００ドルまで」の充実したラインナップが揃ってこそ、はじめて「新興ワイン国」といえるのだと思います。

輸出というトラウマ　1107

ワインも日本酒も、コメもその他の農産物も、国はなんでも「輸出をしろ」とさかんに号令をかけています。ＴＰＰを締結するなら、輸出を増やさなければいけない、と焦る気持ちはわからないでもありませんが、日本のコメは輸出して外国人に食べさせ、日本人はアメリカから輸入したコメを食べろ、といわれているようで、なんだかヘンな感じがします。

ワインの場合は問題が明白です。日本ワインは、輸出をする前に、まず日本人に飲んでもらわなければなりません。国内のワイン産業を有望な次世代産業として育成し、国内需要を喚起することで生産量と品質を上げて、海外での競争に耐えるだけの体力を日本のワイン産業につけさせることが先決です。ニュージーランドがそうであったように、飽和した国内需要に押し出されるようにして、輸出量は伸びていくものなのです。

日本は資源がないから外国から原料を輸入して、それを加工して輸出するのが生きる道だと、私たちの世代は教えられてきました。国が二言目には「輸出しろ」というのは、工業化時代の口癖が直らないからでしょう。将来を見据えた大胆な産業政策を実行する覚悟もなく、ただ「輸出しろ」と号令をかけるのでは、昔のトラウマが出ただけだと、馬鹿にされてもしかたありません。

レストランのワイン価格　1108

それにしても、日本のレストランで飲むワインの値段は高過ぎる。そう思っている人は多いと思います。実際、レストランでは、市販価格の3倍の値段をつけるのが長年の習慣となってきました。ボトル3000円のワインなら6000円、5000円のワインなら15000円。最近はもっと安く、2倍の値段かそれ以下で出す店も増えましたが、逆に4倍も5倍も掛けているホテルのレストランもあって、値段の付けかたはさまざまです。

BYOというのがあります。Bring Your Own（ご自分のものをお持ち込みください）という、持ち込みOKのシステムです。もともとは、アルコールの提供に厳しい条件が課せられていたオーストラリアで、ライセンス（酒類販売許可）をもたない店がはじめたものとされていますが、ワインを飲みたい人は、町の店で買うか、自分の家からもっていくかして、ワインをレストランに持ち込むのです。店はグラスを提供し、そのかわり、いくらかの〝コルク代〟（コーケイジ corkage）を取るのがふつうです。

日本でも、ワインを普及させるためにＢＹＯを広めようという動きがあります。とくに、日本ワインはまだ置いていない店が多いので、旅館や飲食店に協力してもらい、店頭にＢＹＯと書いたステッカーを貼ってある店には持ち込めるようにしたらどうか、という取り組みですが、掛け声の割にはあまり進んでいないのが実情です。

ライセンスがないならともかく、自分の店で酒類を提供している場合は、客がワインを持ち込めばその分だけ店のドリンク類が売れなくなりますから、店にとってＢＹＯはうれしくないシステムです。が、それでも実は昔から、持ち込み料（抜栓料）をいただければＯＫ、という旅館や料理店は日本にもたくさんあります。抜栓料は、１本２０００円くらいが標準的でしょうか。

持ち込まれたワインでも、ワイングラスを提供し、サービスをするのは店のスタッフです。終わった後はボトルを片付け、グラスを洗って、丁寧に拭き……それだけの手間と人件費がかかるのですから、その分を抜栓料として請求するのは当然だと思います。もし食事の最中にワイングラスが倒れて割れてしまったら……安い業務用のグラスでも500円、高級クリスタルなら2000円以上。抜栓料をもらっても損をしてしまいます。

このあたりの事情を考えて、BYOのコーケイジ（抜栓料）をたとえば1本1500円とか、2本なら2000円とか、店の事情に応じて決めることにすれば、店も客も納得できるのではないかと思います。また、レストランが提供するワインの値段についても、市販価格の3倍はちょっと掛け過ぎかもしれないので、できれば仕入れ価格の2倍程度に抑えてもらえれば、もっと多くの人にワインに親しんでもらえるのではないでしょうか。

聞くところによると、最近はレストランでワインリストを見ると、その場でスマホを取り出して市販価格を検索するお客さんが増えたそうです。少しでも割安なワインを選ぶため、というのですが、あまりレストランでは見たくない光景ですね。

ワインは家で飲む　1109

人はなぜ酒場で酒を飲むのか。これは、永遠の問題です。家でも飲める、いや、家で飲めばずっと安く飲める酒を、なぜ、わざわざ高いカネを払って酒場まで飲みに行くのか。

ホステスがいるクラブなら、別の楽しみがあるのでしょうから、行く理由も、その対価を払う意味もわかります。バーテンダーしかいない本格的なバーに行くのも、カクテルはもちろん水割りだって味が違うかもしれないし、独特の雰囲気がありますから、高くてもしかたがない。

でも、そういう特別のところでなくても、家で飲むのではツマラナイ、という酒飲みがいるのです。居酒屋だろうと、立ち飲みだろうと、とにかく外でないと酒を飲む気にならない、という人たち。家では一滴も飲まない大酒飲み、というのも珍しくないようです。こういう人たちは、日本にはいっぱいいますが、フランスやイタリアでは聞いたことがありません。

同じヨーロッパでも、英国やドイツではビールを飲みにパブやビヤホールに出かけますが、ビールは生（ドラフト）で飲むものなので、その装置のないふつうの家では飲めないからです。それに対してワインは、ボトルに入って保存されており、食事とともに飲むものです。だから家で食事をするときは家で飲み、レストランで食事をするときはレストランで飲むわけですが、フランス人やイタリア人が外食をする頻度は日本人と較べると圧倒的に少なく、しかも、食事と別にただ酒だけを飲みに行く、という習慣はもともとありませんから、わざわざワインを飲むために外出することはあり得ないのです。

日本では、主食のコメを使ってつくる贅沢なお酒は日常に飲むものではなく、お祭りやお祝いなど、ハレの機会に限って飲むものでした。その感覚がいまだに残っているので、日常を過ごす家から出て、外の酒場で飲むほうが、ハレの酒にふさわしいと感じるのでしょう。

ヤマブドウ問題　1110

日本では、ヤマブドウからワインをつくるところが増えています。ヤマブドウはもともと国内の各地に自生していたもので、それを採取して潰して酒にすることは縄文時代からおこなわれていた、と主張する人もいるくらいですが、とくに北海道や東北など西欧系品種を育てるには寒過ぎる地域では、以前からヤマブドウによるワインづくりがおこなわれてきました。

最近は、震災からの復興のシンボルとしてヤマブドウのワインをつくろうという動きが東北の各地に見られますが、長野県でも、はじめてつくるワインをヤマブドウで、と考える市町村が少なくないのです。ヤマブドウは、野生種だから病気に強いといわれますが、小さい実をつけた果房が大きい葉のあいだに隠れていて、山に入って野生の実を採取するのも大変ですし、また、畑に移して垣根などに仕立てるにしても、樹勢が強くて制御しにくい、結構手間のかかる植物です。が、ヤマブドウという言葉には何かしらロマンチックな郷愁を誘うイメージがあるらしく、ヤマブドウでワインをつくろう、と誰かが言い出すと、反対する人はあまりいないようです。

でも、こう言ってはナンですが、ヤマブドウからおいしいワインをつくるのは、きわめて難しい仕事です。糖度が低いため大量の補糖をしなくてはならないとか、酸味が強烈だとかいうほかにも、西欧系品種のワインを飲み慣れた人にはあの独特の香りが鼻について、よい評価を得られないのがふつうです。醸造法を工夫したり、他の品種とブレンドしたりしてその癖を和らげようとする努力にも、限度があるように思われます。

もちろん、その香りをよしとする人もいるのでそれはそれで構わないのですが、ヤマブドウでつくるワインは少なくとも高級なワインにはなりませんし、外国人から好まれることもないでしょう。地元のブドウでつくったワインを地元の人たちだけで楽しむ。それもまたワインの素敵な楽しみかたのひとつですが、あまりヤマブドウのワインが増えるのも、日本ワインのレベルアップという点から見るとどうなのか……ちょっと悩ましい問題ではあります。

ヘリテージ品種　1111

ワインはヴィニフェラ種のブドウからつくるのが、いまや世界の常識となっています。もともとヴィニフェラ種しかなかったヨーロッパは別として、アメリカ大陸でも、アジア・オセアニアでも、最初のワインづくりはアメリカ系の品種か、アメリカ系とヴィニフェラのハイブリッド（交配種）か、もしくはそれぞれの地域に自生する野生種（ヤマブドウ）を使うのがふつうでした。それが、どの国でも例外なく、ワインの消費が増えるとともにヴィニフェラ種のワインを好む人が増え、ヴィニフェラ種以外のワインは消えていく運命をたどるのです（9月2日ブログ参照）。

いま私がいちばん関心を抱いているのは、はたして日本も他の国々と同じ道をたどるのか、それとも、日本ではヴィニフェラ種のワインと並んで、アメリカ系もハイブリッドもヤマブドウも、それぞれに存在感を保ったままこれからも共存していくのか、という命題です。

日本ワインの原料には、ヨーロッパ系のヴィニフェラ種以外に、さまざまな品種のブドウが用いられています。明治初期に導入された、ナイアガラ、コンコード、デラウェアなどのアメリカ系品種（ラブルスカ種）。川上善兵衛が生涯を賭けて開発した、マスカット・ベーリーAやブラック・クイーンなどのハイブリッド交配種。日本各地に自生していたヤマブドウ各種……これらの品種によるワインづくりは、日本にヴィニフェラ種の栽培が定着する前からおこなわれてきたので、ヤマブドウ系の交配種であるヤマ・ソービニオンや小公子なども含めて、ここでは一括して「ヘリテージ品種」と呼ぶことにしたいと思います。

「ヘリテージ heritage」は、遺産を意味する言葉です。同じ遺産でも「レガシー legacy」（遺物としての遺産＝負の意味も含めて）とは少しニュアンスが異なり、祖先から受け継いでまた次の世代へと伝えていく、継承すべき遺産を指す言葉です（「世界遺産」は「ワールド・ヘリテージ」といいます）。日本の「ヘリテージ品種」は、未来の世代にも継承されるでしょうか。

日本ワインの行方　1112

長野県では、おもに塩尻で生産されているナイアガラとコンコードのワインが、県全体のワイン生産量の6割以上を占めており、契約農家の高齢化とともに生産量は漸減しているとはいえ、まだ根強い人気を誇っています。また、山梨、山形などで多く栽培されているベーリーAのワインは、近年その醸造法にさまざまな工夫が取り入れられ、以前とは面目を一新した新しいタイプのワインができているようです。

ヤマブドウを含めたこれらの「ヘリテージ品種」のワインは、フランス人などヴィニフェラ種のワインしか飲んだことのない人たちには、いまのところ端から相手にされません。が、それでも日本人の努力と技術と感性が、和食で彼らの目を開かせたように、これらの品種の新たな可能性を彼らに認知させ、ヨーロッパでも「ジャパニーズ・ヘリテージ・ワイン」が受け入れられるようになる……ことは、あり得るでしょうか。その可能性はまったくないとはいえないと思いますが、もし本当にそうなれば、これまでの世界の常識を覆すことになります。

私は、個人的には、前にもいったように、若い頃にフランスでワインを飲むことを覚えた古い人間なので、自然派ワインにそれほど肩入れする心情もよく理解できませんし、アメリカ品種やハイブリッドやヤマブドウ系などのワインは、はじめからまったく飲む気がしないのです。その意味では中立的な立場で判断することができないのでなんともいえませんが、日本のソムリエやテイスターの多くは、「ヘリテージ品種」にもかなり好意的な評価を与えているようです。

日本では、アメリカ系もハイブリッド系もヤマブドウ系も、それぞれに存在感を保ったまま「ヘリテージ」として存続していくのか。存続したと仮定して、少なくともそれらの一部が、日本発の新しい衣装をまとって世界に認知されることがあり得るのか。

それとも、日本も世界の他の国々と同じように、ヴィニフェラ化して世界市場へと参入する道を歩み、残されたそれらの品種はガラパゴス化したローカルワインとして、いずれは消えゆく「レガシー」となるのか。

結論が出るまでには、あと20年や30年はかかると思いますが、それによって日本ワインの行方は大きく異なったものになるでしょう。

搾り滓の問題　1114

長野県のヴィンヤードは平均して標高が高いので、おもな品種の収穫は10月の声を聞く頃からになりますが、霜が降りて紅葉が終わる11月の中旬までに仕込み作業はほぼ終了し、醸し（かもし）発酵が終わった赤ワインも、搾り滓を残して樽やタンクに収まります。つまり、稼働中のワイナリーでは、10月から11月にかけてブドウの搾り滓がたくさん残ることになります。

搾り滓というのは要するに果汁を搾った後に残るブドウの種と皮のことですが、白ワインの場合は発酵がはじまる前に種と皮を分離してしまうことが多いので、残った滓にはアルコールが含まれません。一方、赤ワインの場合は、破砕した果実をそのままタンクや木桶に入れ、果汁の中に皮や種が混ざった状態で発酵させる「醸し発酵」をおこなうため、搾った後の滓にはワインと同じ程度のアルコール分が残ります。

アルコール分を含む搾り滓は、放置しておくとすぐに酸敗して腐臭を放つので、近隣に人家のあるワイナリーは、しばしば苦情に悩まされてきました。白ワインの滓も、しばらくすると野生酵母の働きで発酵をはじめますから、アルコール分は少ないとはいえ結局は同じことになります。そのため大量に搾り滓が出るメーカーは、昔は処理に困って海洋投棄をしていたこともあるくらいです。いまはリサイクルの研究が進んで、搾り滓の再利用にもいろいろな方法が考えられていますが、一般的には劣化しないうちに土砂と混ぜるなどして発酵を抑え、畑の堆肥として利用することが多いようです。

イタリアでは、ワインの仕込みが終わる頃になると、大きなトラックがやってきて搾り滓を運んでいきます。グラッパのメーカーが、全国からブドウの搾り滓を集めて北イタリアへと運ぶのです。アルコールを含むブドウの搾り滓は、蒸留すればそのアルコールからグラッパができ、蒸留した後に残った(もはやアルコールをまったく含まない)滓は、皮は染料の会社が、種はグレープシードオイルのメーカーがもっていきます。

ロマーノ・レーヴィ　1115

イタリア北部ピエモンテ州バルバレスコの村に、ロマーノ・レーヴィという伝説のグラッパ職人がいました。２００8年に80歳で亡くなりましたが、私はワイン研究家の宮嶋勲さん（イタリアワインとグラッパについては日本でいちばん……どころか、イタリアでも指折りの専門家）に連れられて、2度、訪ねたことがあります。

グラッパは、ブドウの搾り滓を熱して、揮発したアルコール分を冷却することによって得られる蒸留酒です。フランスでつくられるマール（滓という意味です）も同様の「滓取り焼酎（ブランデー）」ですが、マールが多少のワイン液とともに蒸留するのに対し、グラッパはドライな搾り滓からつくったものでなければグラッパと呼ぶことはできません。

もちろんドライといっても湿り気はありますが、手ですくっても指は濡れない程度なので、そのまま釜に入れて熱すると焦げついてしまいます。だから二重にした釜で湯煎のようにして熱するのがふつうなのですが、ロマーノ・レーヴィ爺さんは、終戦直後に親から受け継いだ直火炊きの釜を使って、昔のままのやりかたでグラッパをつくる唯一の職人といわれていました。

ロマーノ・レーヴィ爺さんはたったひとりで蒸留所を切り盛りしながら（若い信奉者が何人か手伝っていましたが）、世界中から彼のグラッパを買いに来る客のひとりひとりに、目の前でラベルに絵を描いてくれるのです。いくつかの決まったパターンはありましたが、客の話に合わせてオリジナルの絵を描くこともありました。絵を描き終わると、ボトルを新聞紙で包んで渡すところまでひとりでやります。絵はかわいい線画のイラストで、コレクションアイテムとしていまでも世界中で人気ですが、なにしろ買う前に予約をしなければならず、その予約も電話や手紙では受け付けてくれないので、直接そこへ行って名前と受取日をあらかじめ申告しなければならないという、そのハードルの高さでいっそう価値のあるレジェンドとなったのでした。

ロマーノ・レーヴィ蒸留所では、蒸留が終った後のアルコールを含まない滓は、ブロックに固めて天日で乾かし、燃料として使います。今年グラッパを蒸留した後の残り滓が、来年のグラッパを蒸留するための燃料になるのです。「だからワシはマッチ一本しか使っとらん」というのが爺さんの口癖で、燃えた後の灰をブドウ畑に撒けば、まさしく完璧なリサイクルです。

共同蒸留所　116

日本では、ワインをつくるための果実酒製造免許を取るとき、同じ醸造場内に蒸留設備を設けて申請すれば、蒸留酒（ブランデー）の製造免許も取ることができます。この免許でつくることのできる蒸留酒は、場内で醸造した果実酒を蒸留したものか、その果実酒をつくる過程で生じるブドウ滓などを蒸留したものに限られます。が、一般の蒸留酒製造免許を取得するには蒸留酒だけで6000リットル以上の生産が義務づけられるのに対して、ワイナリーが醸造場内でつくる場合はこの限りではありません。

日本でも蒸留酒をつくっているワイナリーはいくつかありますが、これから増えていく個人の小規模ワイナリーでは、蒸留設備にまで投資するのは難しいでしょう。が、それでも搾り滓は出るわけですから、イタリアのように、ワイナリーが何社か共同で使えるような共同蒸留所をつくることができれば、新しいビジネスの展開ができるかもしれません。

10社のワイナリーからブドウ滓を集めてグラッパをつくるとして、通常の蒸留酒製造免許の場合だと1社当たり600リットル以上、20社でも各社300リットル（750㎖ボトルで400本）以上……では、ちょっと多過ぎますね。やはり、これも規制緩和で法定製造量2000リットルの「ブランデー特区」をつくってもらい、各社で売り切れるだけの量のグラッパをお洒落なデザインのボトルに入れて売り出せば、ワインと合わせて人気になる可能性はあるでしょう。イタリアでは蒸留塔の内部が何本もの管に分かれていて、それぞれからワイナリー別のグラッパができる蒸留器を使っています。

搾汁率などによっても異なりますが、おおまかに言って、ブドウ6キロを搾ると1キロくらいの滓（種と皮）が出ますから、ブドウ滓10キロから1リットルのグラッパができるという計算でいくと、6000リットルのグラッパをつくるにはブドウ滓が60トン、ワインにして30万本が必要です。が、その3分の1でよければ10万本ですから、それなら地域ごとに1軒の共同蒸留所ができてもおかしくありません。

わら巻き　1117

仕込みの作業が一段落すると、畑は冬支度に入ります。次の仕事は、若いブドウの樹の幹にわらを巻く作業です。千曲川ワインバレー東地区には標高の高いヴィンヤードが多いので、冬の寒さに備えなければなりません。標高８００メートルを超える地域では、真冬には零下10度になる日が何日も続くことがあり、凍害の怖れがあるからです。

雪の多い地域では、根元を覆う雪が幹を寒さから守ってくれます。剪定を終えたブドウの樹の全体が雪の中に埋もれるような豪雪地帯では雪の重さが樹を傷めますが、ほどよい量の積雪は保温の役割を果たします。このあたりは雪が少なく乾燥しているので、樹の幹が寒さにやられて、春になっても芽が出なかったり、小さな傷からウイルスが入って病気になったりする、いわゆる凍害に遭うことがしばしばあるのです。

凍害を防ぐには、いまのところ、幹にわらを巻くくらいしか対策がないようです。さいわい近くで稲作がおこなわれているのでわらを手に入れることはできますが、まだ若い樹が多いので、毎年この季節になると、気が遠くなるほどの数のブドウの樹の幹に、一本一本、手作業でわらを巻かなければなりません。なにか、もっと能率的な方法はないものでしょうか。

もしわら巻きよりも省力的で有効な凍害対策が見つかれば、より標高の高い農地での栽培が可能になり、長野県のヴィンヤードの面積はさらに広がることになるでしょう。

凍害の研究　1118

一本一本ブドウの樹の幹に手でわらを巻くのではなく、なにか液体をかけると固まって断熱効果のある被覆になるとか、樹列の足元を両側からマルチシートのようなもので挟んでその中に発泡性の断熱材を注入するとか、簡単に付着できて簡単に外せる、樹の生理にかなった断熱素材は開発できないものだろうか……と、いつも思うのですが、こんな話をすると、誰も笑ってまともに取り合ってくれません。

昔、ブルゴーニュの畑で「寒いときは零下18度にもなるけど、虫が死ぬからかえっていいんだよ」と聞いた記憶があります。その頃は自分でブドウを栽培するとは夢にも思っていなかったので聞き流してしまいましたが、零下何度くらいから凍害が起こる危険性が高まるのか、春先の低温の場合はどうか、幹に傷がある場合とない場合ではどう違うか、樹齢によって耐寒性にはどの程度の差があるのかなど、凍害発生のメカニズムについては、県の試験所でもあまり研究されていないのではないでしょうか。

凍害対策というと、わらで巻くことしか考えようとしないのが現状です。しかし、これからワインぶどうの畑が増え、コメの生産が減っていけば、わらに不自由する時代がくるかもしれません。山梨県はおそらく凍害とは無縁でしょうし、山形県や北海道は雪で守られるからよいかもしれませんが、外国の高冷地ではどうやっているのか気になります。ロシアや中国には、きっと雪の少ない厳寒のヴィンヤードがあるでしょうから。

そもそもブドウ樹の凍害は標高が高くて稲作に適さない土地で起こるのですから、わらにばかり頼るのもどうかと思います。農家の経験則では対応に限界があるので、長野県独自で凍害を研究して、有効な対策を打ち出してほしいと思います。

信州シードル　1119

長野県のワイナリーの中にはシードルを醸造しているところが少なくありません。ワインをつくる免許は「果実酒製造免許」なので、ブドウ以外の果実でつくった酒類も法定製造量にカウントされます。そのため、自社畑でのブドウ生産量が少ない設立初期のワイナリーは、ブドウの不足をリンゴで補い、シードルの生産量をワインに加算して基準をクリアすることが多いのです。

長野県のリンゴは、品種によっては夏の終わり頃から採れるので、シードルをつくろうとすれば早くからできるのですが、ワイナリーの場合はワインの仕込みが一段落してからでないと手が空かないため、シードルづくりをはじめるのは11月末か12月になってしまいます。寒風が吹きすさぶ中でリンゴを冷水で洗い（ブドウは洗いませんがリンゴは洗います）仕込みの準備をするのは辛い作業ですが、このような事情から、信州のシードルは収穫時期の遅い「ふじ」を原料にするケースが多いのです。

リンゴもブドウと同様、果実は小さいほうが皮の占める割合が多く、シードルにしたときの風味がよくなります。だから紅玉や英国系品種のリンゴが手に入るところはよいのですが、ただでさえ大きい「ふじ」の、それも安く買える規格外の大型品を使うと、どうしてもシードルの味が単調になってしまいます。このあたりが「信州シードル」が抱える大きな問題のひとつでしょう。

ブルターニュのリンゴ　1120

フランス北西部のシードル産地、ブルターニュ地方のシードル農家を訪ねようとして、電話でアポを取ろうとしたら、収穫が見たいのか醸造が見たいのかと聞かれました。ワインの場合は収穫の日に行けば仕込み作業が見られるわけですが、シードルでは両者の時期にズレがあるというのです。収穫したリンゴは2～3週間そのまま放置して、ボケて甘くなってから搾るのだそうです。

結局私が訪ねたのは仕込みがはじまる時期でしたが、収穫のようすも見たいと頼んだので、農家の主人は畑に1本だけ、まだ実をつけたままのリンゴの樹を残しておいてくれました。そして私が写真を撮ろうとしてカメラを構えると、いいか、よく見ておけよ、といって、足で樹の幹をドンと強く蹴りつけると、たわわに実っていたリンゴが一瞬ですべて地上に落ちました。

フランスでは、まだ枝についているリンゴは採ってはいけない、と教えます。果物は完熟すれば枝から離れて落ちるはずで、まだ枝についているのは未熟だからだ、という考えです。なるほどそういわれればその通りですが、落ちたリンゴがさらに甘くなるまで待つことも含めて、時を経ることが価値を高めるという、熟成に対する意識の違いはさすがフランスだと感心しました。

シードルに使うリンゴは、ほとんど剪定も摘果もしないので、自然のまま好き勝手に、ぐちゃぐちゃにこんがらがって生っていました。実の大きさは、最初に見たときはウメかと思ったくらいです。そんな小さなリンゴの品種は何十種類もあって、ふつうはそのうちの7～8種類をブレンドしてシードルをつくります。甘いの、酸っぱいの、渋いの……それぞれの特徴に応じてブレンドの割合を考えるのが、奥深い風味のシードルをつくる決め手だといいます。

シードルとワインの関係　1121

フランスでシードルをつくっている地域は、ブルターニュ地方、ノルマンディー地方、バスク地方にほぼ限られます。もともとはバスクに発祥してブルターニュとノルマンディーに伝わったといわれますが、いずれもブドウを育てるには寒過ぎる土地ばかりです。つまり、ブドウが育たないためにワインをつくることができない地域で、その代用品としてリンゴでシードルをつくる、というのがフランス人の考えかたなのです。そのため、フランスではワインとシードルの両方をつくっている醸造所はありません。

リンゴを原料にしたリンゴ酒は昔からありますが、ドイツ、イギリス、カナダなど、やはり寒過ぎてブドウが育たない地域でつくられる場合が大半です。寒い地域では、発酵が完了する前に冬の寒さが来て一時的に発酵が止まることがあります。それに気づかず瓶に詰めたワインが暖かくなったら瓶の中で再び発酵をはじめた……というのがシャンパーニュの発祥とされていますが、シードルが昔から発泡酒としてつくられてきたのも、おそらくその寒さと関係があるのではないかと思います（フランス語の「シードル cidre」は英語の「サイダー cider」です）。

ブルターニュ地方では、ソバ粉を水で溶いて薄く焼いた、ガレットというパンケーキを食べながらシードルを飲みます。ガレットとシードルは、パンとワインの関係と同じように切っても切れないものですが、これも、ワインをつくるブドウが育たない気候ではパンをつくる小麦もできないので、ワインをシードルで、パンをガレットで代用した、という背景があるのです。キリスト教ではワインはキリストの血でありパンは肉であるわけですから、ブドウと小麦がつねに優位に立ち、リンゴとソバは一段低く見られるのは仕方のないことかもしれません。

クレープとガレット　1122

ソバ粉を水で溶いて薄く焼いたガレットは、その上にブルターニュ名産のバターを載せて溶かしただけで素晴らしくおいしいものですが、ハムやタマゴやソーセージなどを載せれば立派なメインディッシュにもなります。ブルターニュではそうして2枚ほどソバ粉のガレットを食べた後、デザートとして、小麦粉でつくったクレープになにか甘いものを載せて食べるのです。

ガレットとクレープはしばしば混同されますが、「ガレット」は、ソバ粉を水で溶いて塩を加えたものを焼く場合を言います。もともとブルターニュでは、ソバ粉は水に溶いてゆるいソバがきにして食べるものでしたが、不器用な農婦がソバがきの入ったボウルを誤って取り落とし、中身が暖炉の中の焼けた平たい石の上にかかってしまった……というのが、「ガレット（平たい石）」という名の薄焼きができた逸話とされています。

これに対して、「クレープ」には「ソバ粉のクレープ（サラザン）」と「小麦粉のクレープ（フロマン）」があり、「ソバ粉のクレープ」の場合でも、ソバ粉だけでなく小麦粉を混ぜて、ミルクで溶いてタマゴを加えるのがふつうです。クレープは「絹の薄布（ちりめん）」を意味する言葉ですが、たしかにガレットよりタネが滑らかなので薄く焼けます。

もともとは、ブルターニュ半島の東部では「ガレット」を、西部では「クレープ」を食べてきたとされますが、いまではガレットにも少し小麦粉を混ぜたりタマゴを加えたりするなどさまざまなレシピがあり、両者の境界線はしだいに曖昧になってきています。どちらかというと、より素朴なニュアンスがある「ガレット」という言葉のほうが、最近は優勢のようです。

伝統的に「ガレット」に載せるものは塩味の具に限ります。「ソバ粉のクレープ」も、甘くすることもありますが、塩味のものを載せるのが基本です。ただし「小麦粉のクレープ」だけは砂糖をふりかけるか甘いものを載せるかして、かならず甘く仕上げるのが決まりです。寒い地方では貴重な小麦粉は、同じく贅沢な甘いものとともに、コースの最後にデザートとして楽しむのです。

ハードサイダー　1123

長野県のリンゴの生産量は青森県に次いで全国2位。ソバも北海道に次いで第2位です。ともにトップからは相当離れた2位ですが、それでもリンゴとソバを揃ってこれほどつくっている県はほかにありません。シードルとガレットの組み合わせが似合うのは、日本では長野県がいちばんでしょう。その一方、長野県ではいうまでもなくブドウ栽培も盛んで、とくにワイン専用品種では山梨県を抑えて日本一の生産量を誇ってきました。青森県ならシードルだけに力を注ぐことができますが、長野県はワインとシードルが共存する道を探らなければならないのです。

いま、県内の各地で、豊富に採れるリンゴを利用してシードル（発泡性）やアップルワイン（非発泡）をつくろう、という動きが広がっているようです。リンゴの生産者価格の低迷や、不順な気候による不良果の増加など、さまざまな状況を踏まえて、加工品によって付加価値を高めようとする取り組みが求められているのでしょう。

しかし、ワインの消費が一般化する中で、シードルやアップルワインの存在感を高めるのは容易なことではありません。多少価格的に安いとはいっても、シードルがワインと同じ土俵で競って勝つことは難しいからです。ワインはブドウからつくるもの、という国際的な定義がある以上、「アップルワイン」という言葉を使っただけで正統性が疑われてしまいます。

その意味では発泡性のシードルのほうが差別化のできる価値をもっているかもしれませんが、まだ、日本では「シードル」という言葉そのものがよく知られていないのです（ときどき間違って「シールド」という人がかなりいます……）。名前も存在も知らないから消費が増えない、というのが現実で、この点では青森県との「共闘」が必要かもしれません。

英語の「サイダー」は単なる清涼飲料水を指す言葉になってしまったので、アメリカでは発泡性の（甘くない）リンゴ酒（シードル）を示すのに「ハードサイダー」という語を使うようです。近年はキリンがハードサイダーの流行を仕掛けようとしていますが、アメリカでは、クラフトビールの復権と歩調を合わせて、手づくりのハードサイダーの消費が急速に増えているといいます。

カリフォルニアよりもっと北方に位置するオレゴン州は、寒過ぎるからワインはできないだろうと思われていたのに、近年はピノ・ノワールで名を上げて一気にワイナリーの数が増え、世界に知られるワイン産地となりました。

が、そのオレゴン州では昔から栽培していたリンゴでハードサイダーをつくる人が増え、いま人気を呼んでいるそうです。フランスの「棲み分け」は参考になりませんが、アメリカの「共存」の作戦には学ぶ価値がありそうです。

リンゴの花見　1124

日本にシードルを定着させるには、その名前と存在を知ってもらうと同時に、日本産のシードルの品質をもっと向上させる必要があります。そのためには、これまでのようにワインをつくるワイナリーが片手間にシードルをつくるのではなく、また、生食用リンゴの不良品や規格外品を加工用にまわすのでもなく、はじめからシードル用に栽培されたリンゴを、シードル専門の醸造所（「ワイナリー」ではなく「シードルリー」）が、世界のシードルの味とつくりかたを知ったうえで、本気でシードルをつくらなければなりません。

もちろん、そうしてできたシードルを、ワインを飲む人たちにも楽しんでもらうために、いろいろな演出や作戦を考えたいものです。初夏に咲くリンゴの白い花は本当に美しいので、リンゴ畑の真ん中でシードルを飲みながら「リンゴの花見」をやるのはどうでしょう。それが信州各地でおこなわれる季節の風物詩になれば、ワインやシードルを飲んだことのない人も、ふだんはワインしか飲まない人も、よろこんで花見に参加してシードルを楽しむのではないかと思います。

あるいは、全国のソバ屋さんに、シードルを常備するキャンペーンを張りましょうか。ガレットやクレープを焼くには道具がいりますが、熱々のソバがき（ソバ粉を熱湯でやわらかく練ったもの）の上にバターの塊か焼いたベーコンの角切りを散らしたものは、誰にでも簡単にできるブルターニュ伝統のレシピです。そんなものをメニューに載せる勇気あるソバ屋さんはいませんか？

原料の質に関しては、ブルターニュなどからシードル専用の品種を輸入できればよいのですが、火傷病という病気が世界的に蔓延しているため、外国からリンゴの苗木を輸入することは厳しく制限されています。だから一部で栽培されている英国系の品種を増やす以外は、日本の品種でつくるしかないのですが、日本にも小型リンゴはありますし、「ふじ」のような大型のリンゴでも、小さくつくろうと思えばつくれるはずです。春の摘花の量を減らし、摘果もほどほどにすれば、重みで枝が折れない程度に小さな実をたくさんつけて、ワイヤーで支えながら完熟させることは可能でしょう。シードル専用リンゴの栽培にチャレンジする農家が出てきてほしいものです。

古く美しい洋館　1126

しなの鉄道の田中駅からすぐ近くの商店街に、古い木造3階建ての洋館があります。道路から少し離れた、駐車場の奥にある建物ですが、以前から前を通るたびに、いかにも美しい建築だと思いながら眺めていました。長いこと、お年寄りがひとりで住んでいるという噂を聞いていましたが、その御当主が亡くなられて、いまは無人の館になっているそうです。

ペイルグリーンに塗った幅の細い木の板を並行に重ねた西洋風の外壁と、重厚で装飾的な和風の瓦屋根とが不思議な調和を見せる瀟洒な建物は、まだ上田駅の周辺などにわずかに残っている、この地域で養蚕製糸業が栄えていた頃の絹糸関係の会館建築を思わせます。外見からはまだ十分使えそうに見えますが、このまま無人で放置すればそう遠くないうちに朽ち果て、解体される運命にあることは明らかです。

大正から昭和の初期の雰囲気を漂わせるこの美しい建築物を、なんとか再生利用することはできないか。ここがワインを飲ませるレストランになったら素敵なのに……などと話していたら、それを聞きつけた駅前商店街の知り合いが、鍵を預かっているから中が見たいなら案内しよう、といってくれました。

その知り合いは、この建物に最後まで住んでいたお婆さんと親しくされていた方ですが、主のいなくなった洋館の将来を心配して、なんとか修復できればと考えていたということです。それにしても、私が東御市（当時の東部町）に引っ越してきて以来、20年以上も外側だけから眺めてきた建物の中に入れるとは、これもワインが引き寄せてくれた縁でしょうか。

東上館検分　1127

なんでもこの建物は東上館といい、かつてこの地が養蚕で栄えていた頃、全国からやってくる業界の関係者を接待するためにつくられたものだそうです。その昔、いまの田中駅前の一帯は田中宿という北国街道の宿場町で、洪水や火災に見舞われて宿場はすぐ隣の海野宿に移りましたが、その後再生した宿場町が、明治維新以降、養蚕の拠点として蚕種問屋の集積地へと変わり、そこに鉄道の駅が置かれてからは、日本国内はおろか、世界を相手にする蚕種と生糸の貿易の中心地として、田中から上田に至る一帯は栄華をほしいままにしたのです。その頃は、いまの田中駅前には芸者の置屋があって、養蚕製糸で大儲けをした事業家たちが夜毎の宴を繰り広げていたといいます。東上館は、まさしくその舞台そのものだったのです。

中に入ると、すぐ左手の部屋は応接間のようでした。かなり傷んではいますが、天井からは往時のシャンデリアが下がり、絨毯や窓のデザインも時代を感じさせる魅力に溢れています。正面にある狭くて急な階段を上ると、そこは見事な彫刻を施した欄間が四周を飾る畳敷きの大広間でした。2階と3階は宴会ができるいくつかの広間になっていて、南側の廊下にある広い窓からは、松と石を配した日本庭園を挟んで、裏の道に続く門の両側に土蔵と離れの部屋が見下ろせます。

一見しただけでも、この建物を修復再生するのは容易ではないことがわかりました。お婆さんは晩年には1階のごく一部だけを使っていて、他の大部分は放置されたままでした。その割にはよい状態を保っているとは言え、修繕修復だけならまだしも、再生利用するためには耐震工事をしなければならないと考えると、いったいどのくらいの経費がかかるか見当もつきません。

シルクとワインのミュージアム　1128

東上館という名前は、このバンケットハウスを建てた人が、田中駅からも遠くない東上田という地籍に住んでいたことから名づけられたそうですが、シルクからワインへという歴史の中で東御市と上田市を結びつける象徴的な意味からも、ぜひ今後に引き継いでほしい名前です。アルカンヴィーニュの施工を担当した住友林業に無理をいって古民家リフォームの専門家を派遣してもらい、修復再生のための調査をしたところ、この建物は大正9年に竣工したことがわかりました。

まだ修復工事に関する細かい見積もりは出ていませんが、どう見ても億単位の費用がかかることだけは間違いなさそうです。営利営業をするためには厳密な耐震工事が必要ですが、入場無料の博物館をつくる場合はどうなのでしょう。もし営業の形態によってある程度の経費を削減することができるなら、有志から出資を募って修復工事をおこない、この地域におけるシルクとワインの過去と未来を繋ぐ資料を展示する「シルク＆ワインミュージアム」をつくりたいと思います。奥にある土蔵と離れは、ミュージアムのカフェとショップとして利用できるでしょう。

軽井沢ワインポータル　1129

日本ワインはおいしくなった。長野ワインが注目されている……ということに、気がついている人はまだ少数です。こんなワインができているんですよ、といって飲ませることができれば、たいがいの人はびっくりして、へえ、こんないいワインができてるんだ、といってその存在を認めてくれるのですが、飲んだことのない人は、いまだに日本のワインは箸にも棒にもかからないものだと思っている。そういう人たちに、どうしたら認知してもらえるか、そこがまず最初に通過しなければならない関門なのです。

たとえば東御市を中心とする千曲川ワインバレー東地区でも、すでに7つのワイナリーがあり、20数人が畑をもってワインぶどうを栽培しながらワイナリー建設をめざし、そのうちの数人は市内のワイナリーに醸造を委託したワインに自分の銘柄のラベルを貼って売り出しています。が、東御市内にも、近隣の市町村にも、地域のブランドを一堂に揃えて販売しているワイン専門店はなく、見較べて選ぶこともできなければ、試飲することもできないのです。

塩尻駅前には塩尻産のワインを飲み較べることのできるイタリアン・ワインバーがあり、長野駅構内にある試飲コーナーでは県内各社のワイン（と日本酒）を飲むことができます。千曲川ワインバレー東地区の場合は、地域のワインのポータルサイト（ワイナリー観光のインフォメーションセンターを兼ねた、試飲のできるワインショップ）が、新幹線の軽井沢駅か上田駅、またはその両方にあるとよいと思います。

とくに、この10余年間に人口が5000人も増え、年間800万人もの観光客が訪れる軽井沢は、東京からも北陸からも、長野県の玄関口としての存在感がこれまで以上に増しています。軽井沢の駅前に「軽井沢ワインポータル」ができれば、別荘客もインバウンド客も含めて多くの人に地域のワインについて知ってもらうことができ、軽井沢から上田に至る「ワイン街道」（浅間サンライン)を通って千曲川ワインバレー東地区に足を延ばす観光客も増えるでしょう。東御市の「御堂プロジェクト」(9月6日ブログ参照)が順調に進むと、数年後には新幹線からもワイン街道から も、丘陵の斜面に整然と広がるブドウ畑の姿が目に入るようになるはずです。

なお、7月22日のブログに書いたポータルサイト候補のうち、インターの近くで目をつけていた建物は使えないことが判明しました。たしかに外見は廃工場なのですが、実はこの建物はいまでも倉庫として有効活用されていて、たいへん申し訳ないがお貸しすることはできないと、社長さんから丁寧な回答をいただきました。

もうひとつのポータルサイトになる田中駅前のワインバーのほうは、ひょっとしたら東上館……とも思ったのですが、あまりにもハードルが高そうなので、現在は他の候補を物色中です。

DECEMBER

田沢おらほ村　1201

昨日、東京の「銀座NAGANO」で、田沢おらほ村のイベントが開催されました。田沢おらほ村というのは、東御市田沢区の住民有志が立ち上げた、「おらほ（＝私たち）」の地域を活性化するための活動をするグループで、この3年間、村の中の名所旧跡を案内する看板を立てたり、村の入り口にある児玉山という里山に遊歩道をつくったり、野菜や果物の即売会を開いたり、さまざまな活動をおこなってきました。そのグループが、「小さな田舎の魅力を知る夕べ」と題して、銀座の真ん中で田舎暮らしの楽しさを伝えるイベントを開いたのです。

イベントの目玉は、ワインとビールを飲みながらの村民と来場客との交流会です。田沢区というのは、東御市の人口約3万人のうちわずか658人しか住んでいない小さな区域ですが、その文字通り「小さな田舎」である田沢おらほ村の中に、ワイナリーが3軒と、クラフトビールのブルワリーが1軒、あるのです。オラホビールは1996年にスタートした地ビールの老舗、ワイナリー3社のうちヴィラデストは2003年の設立ですが、あとの2社であるドメーヌナカジマとアルカンヴィーニュは、昨年から今年にかけて相次いで誕生した新顔です。

私たちは「千曲川ワインバレー」に小規模ワイナリーが集積することをめざしているのですが、田沢区はそのいちばん最初の核になるのではないか、と考えています。こんなふうに、まずどこかの地区で、たがいに近い距離にいくつかのワイナリーができ、次はそれらを核として、しだいに周辺へと輪が広がっていく……もし、東御市と田沢区がその気になって農地を集約し、ワインぶどう栽培を推進する地域づくりを積極的に進めるなら、その輪はどんどん大きくなっていくだろうと思います。

使える農地を用意し、その近くに家を建てるか古い家を改造して住めるようにすれば、全国からワイングロワーをめざす移住希望者がやってくるでしょう。ワインだけでなく、チーズをつくりたい人、ハム・ソーセージをつくりたい人、その周辺でレストランをやりたい人、ペンションをやりたい人……。田沢おらほ村の活動では、「縁側カフェをつくる」ことを目的のひとつに掲げています。なかなか適当な空き家が見つからないのでまだ実現はしていませんが、そんなふうに少しずつ村を開放して都会からやってくる人たちを迎え入れる態勢をととのえることができれば、おらほ村の将来は明るいでしょう。今回のイベントは、みんなで東京へやってきて、そんな将来の移住者のみなさんにアピールするための催しでもあったのです。

前夜から準備班５名が東京に入り、当日は14人のメンバーが、田沢公民館を早朝に発つバスにコメやリンゴやクルミやハクサイといっしょに乗って銀座まで。コメを炊いておにぎりをつくる女子部と、椅子や机を並べて会場の準備をし、ワインとビールとチーズやハムなどのおつまみを用意する男子班は、この日のためにあつらえた揃いのビブスを着ています。法被（はっぴ）をやめてビブスにしたのはそのほうが安上がりだからですが、若い人たちが田沢に移住してくれるよう、爺さんが多いおらほ村メンバーも若さを強調したかったのがもうひとつの理由です。おかげさまで、「銀座ＮＡＧＡＮＯ」２階のイベントスペースは初めから終わりまで途切れることなく訪れる満員の来場者で賑わい、おらほ村のメンバーを交えて初対面の来場者どうしがワインを囲んで仲良く語り合う、とても素敵なパーティーになりました。

ワインシティー循環道路　1202

ヴィラデストワイナリーがある田沢区から、ほぼ同じ標高をたどって2キロほど東へ行ったところに、祢津（ねつ）という地区があります。日本最古の木造回り舞台をもつ歌舞伎舞台がある、旗本領として古い歴史をもつ地区ですが、ここには「リュードヴァン」と「はすみふぁーむ」というふたつのワイナリーがあり、その周辺にもいま新しいヴィンヤードが次々に増えています。

それらの畑のほとんどは移住してきた新規就農者のもので、彼らはみな近い将来にワイナリーを建てようと計画しています。この一帯は、例の30ヘクタールの荒廃地再生事業がおこなわれる御堂地区にも隣接しているので、田沢と並ぶもうひとつの核である祢津地区には、さらに数多くの小規模ワイナリーが集積していくに違いありません。

そうなれば東御市は、祢津と田沢のふたつの焦点をもつ大きな楕円の中に、小規模ワイナリーとワイン産業に関連するさまざまな施設が集中する、名実ともに「ワインシティー」と呼ぶべき存在となるでしょう。しかも、標高の高い丘陵地にあるこのふたつの地区は、現在は、いったん浅間サンライン（ワイン街道）まで下りてから再びのぼらないと往き来できませんが、実はもっと標高の高い丘陵の上のほうで、1本の道によって繋がっているのです。

軽井沢の別荘地を貫通する、1000メートル道路というのがあります。この標高1000メートルの高原を走る林間の道は、軽井沢から大浅間ゴルフクラブを経て小諸の先あたりまではよく知られており、サイクリングなどを楽しむ人も多いのですが、実はその先も続いていて、祢津街道からアトリエ・ド・フロマージュの上のあたりを左に入ると、田沢の山の上まで林道をたどることができるのです。

私は25年前に1度だけ、田沢から祢津までこの林道を走ったことがありますが、当時でも藪や倒木が行く手を阻む荒れた状態でしたから、いまではもっとひどくなっているかもしれません。が、道路の基盤はできているので、きちんと整備すれば、素晴らしい眺めのマウンテンロードになるはずです。とにかく、正面に北アルプスを望み、眼下に千曲川を見下ろす、遮るもののない圧倒的なスケール感の眺望は感動的です。

祢津と田沢を結ぶ1000メートル道路「烏帽子岳マウンテンロード」が開通すれば、この道路と浅間サンライン「千曲川ワイン街道」とが一筆で結ばれ、大きな楕円形のワインシティーを一周する循環道路が完成します。この壮大な計画も、そう遠くない将来に実現することを願ってやみません。

アルカンヴィーニュフォーラム　1204

昨日、アルカンヴィーニュのビジネスサロン会員への活動報告会を『銀座NAGANO』でおこないました。銀座5丁目のすずらん通りにあるこの長野県のブランドショップは、1階に県産のワインと日本酒を取り揃えた販売コーナーがあり、バルカウンターでは試飲をすることもできるので、ワイン関係のイベントによく利用されています。営業を開始して1年あまりですが、このような情報発信の拠点ができたことは私たちにとってありがたいことです（今週は月曜日の「田沢おらほ村」のイベントに続いて2回目の利用となりました）。

ビジネスサロン会員というのは、新規参入者を育成する「クレイドル（ゆりかご）」ワイナリーとしてのアルカンヴィーニュを支援する、いわゆるサポーター会員の一種ですが、おもに企業を対象に、この地域のワイン産業になんらかのかたちで関わる意思のある方に入会を呼びかけています。今年は年間6回のビジネスサロン講座のほか、長野と東京で報告会をおこないました。

昨日の報告会では、アルカンヴィーニュのこの1年の歩みを紹介し、初醸造のワインの新酒を試飲してもらいましたが、この席で、あらたに「アルカンヴィーニュフォーラム」という、異業種交流の勉強会を立ち上げる計画が発表されました。これは、アルカンヴィーニュが掲げる「小規模ワイナリーの集積による地域イノベーション」という理念に賛同する企業から意欲ある人材を募り、千曲川ワインバレー東地区にワイン産業クラスターを構築するための、永続的な人的基盤をつくろうという試みです。

これから数年のあいだに、この地域では、さまざまなかたちの事業開発がスタートすることになるでしょう。ホテル、レストラン、ワインポータルなどの施設建設から、バスやタクシーによる2次交通の整備や旅行商品の造成などワイナリー観光に関する事業、栽培や醸造の技術を支える情報インフラの構築とIT技術の応用、またボトリングトラックの開発やウェアハウス事業の展開、さらにはワインファンドや管理業務サポートシステムの創設など、直接間接にワイン産業と関連するさまざまな事業が、幅広い裾野にわたって展開するに違いありません。

ワイン産業に関わる事業はどれをとってもたがいに関連し、しかもそこにはブドウ栽培とワイン醸造およびワインの受容と消費に対する知識と理解が必要なので、地域の実情をよく把握するとともに、必然的に異業種との交流や連携が求められることになります。そのためにはまず将来の事業開発を担うことのできる基幹人材を育成することが、一見遠まわりに見えながら、実はもっとも早く目標の実現を可能にする近道である、という考えからフォーラムは結成されました。

仕掛け人は、千曲川ワインバレーという構想を発表した頃から私たちの活動にエールを送ってくれていた財界人の応援団グループで、6月3日のブログに書いた、東京ロータリー倶楽部での卓話の後に会食をした人たちです。あの日から、今日でちょうど6ヵ月。応援団は、これからは実行部隊の送り込みに取りかかることになります。

2013年の6月2日に農林漁業成長産業化支援機構（A‐FIVE）がプロジェクトの実行を奨めに来て、2014年の6月にワイナリー「アルカンヴィーニュ」の着工が決定し、7月に地鎮祭がおこなわれて工事がはじまり翌年3月30日に竣工。そして5月12日から千曲川ワインアカデミーの本講座が、6月1日からビジネスサロン講座が開講しました。企画の発端から活動の開始まで丸2年。2年前にヴィラデストを訪ねてきた農林漁業成長産業化支援機構の営業部長氏は、その後職を辞して立科町でワインぶどうを栽培する農家となり、いまはアカデミーの生徒としてワイナリー建設をめざして勉強中です。

2016年——JANUARY/FEBRUARY/MARCH

2015年のアルカンヴィーニュ「玉村豊男ブログ」の掲載が終了した12月4日以降、本書の刊行直前までのあいだに進展したいくつかの企画について、その最新の経過を以下に報告します。

東御ワインチャペル

しなの鉄道の田中駅前にワインバーをつくりたいという話（7月22日）は、意外なかたちの案が浮上して実現の方向に向かうことになりました。田中駅から歩いて5分、国道に面して市役所の向かいにある結婚式場『ラ・ヴェリテ』のチャペルを改造してはどうか……と、施設の所有者である農協（JA信州うえだ）から提案があったのです。『ラ・ヴェリテ』は東御ワインフェスタの会場としても利用させてもらっている施設なので、ここに東御市の「ワインポータル」ができれば、広域ワイン特区「千曲川ワインバレー東地区」の目に見える拠点として、多くの人とワインが出会う場所になるでしょう。結婚式場としては利用客がいなくなり、きれいなチャペルは使われずに空いていました。そこに厨房を取り付けて、地元産のワインを買うことや飲むことができるワインバー（ビストロ）をつくり、近隣の農家が持ち寄る新鮮な食材を使ったおいしい料理と地元産ワインのマリアージュ（取り合わせ）を楽しむ……。まさしくリアージュ（結婚）のためにつくられたチャペルは、ワインによってよみがえるに違いありません。

軽井沢駅北口「オーデパール」

しなの鉄道と北陸新幹線が乗り入れる軽井沢駅は、ホームから階段を上った2階に改札口と切符売り場があり、そこから大きな階段を下って駅前に出る構造になっています。人気のアウトレットに向かう南口はいつも賑わっていますが、旧軽井沢方面へと続く北口は、階段を下りた1階部分にはなんの施設もなく、駅建物の東端にあるタクシー乗り場の前には、廃線になった線路とプラットホームの上につくられた店舗が10年ほど前に営業をやめたまま今日まで朽ちた姿をさらしています。天下のリゾート軽井沢の玄関口に、こんな寂れた雰囲気を撒き散らす遺物を放置していておいてよいものだろうか。もし、ここを上手にリフォームして、列車を待つ時間にワインを楽しむことができる「軽井沢ワインポータル」をつくれたら……そう、半年ほど前から、地元で町おこしの活動をしている有志らと語らってきました。軽井沢町には、旧鉄道の廃線路を含む駅前一帯の総合開発計画があり、2～3年後にはその店舗も含めて取り壊しがはじまるとのことなので、それまでの間の仮設でよいから、秋のG7サミット交通大臣会合までにはなんとかワインポータルをつくりたい。そういってしなの鉄道に旧店舗改装の許可をお願いし、賛同を得ることができました。千曲川ワインバレーを中心とする日本ワインの各種銘柄を、ボトルで買うことも試飲することもでき、もちろん軽食やつまみとともにゆっくり楽しむこともできれば、ワインとピクニックボックスをテイクアウトして列車に持ち込むこともできる店。線路の横に仮設でつくるセルフサービスの極小店舗ですが、店の外に続く屋根のついたプラットホームがテラス席として使えるので、夏の宵などは夕涼みがてらの白ワインがおいしそうです。店の名前は「オーデパール AU DÉPART ＝フランス語で〝出発（点）〟」とすることに決めました。文字通りそこは旅の出発点であると同時に、長野県のワイン振興の次なる出発点という意味も込めています。

ワイナリー観光バス

軽井沢から田中を経て上田まで、「ワイン街道」（浅間サンライン）を通って千曲川ワインバレーへと観光客を誘導するルートを開発しようという計画も進んでいます。軽井沢駅のワインポータル「オーデパール」を出発点として、小諸市から東御市にかけての丘陵地に点在するヴィンヤードとワイナリーを、美しい風景を眺めながら巡っていく。ランチを食べたい人は適当なところで降り、しなの鉄道を利用して希望の地点に戻る……というような、グループでも1人でも参加できる、自由度の高いツアーを定期的に運行することはできないだろうか。軽井沢を起点とするコースと上田駅を起点とするコースを組み合わせれば、東京からも金沢からもアクセスが容易なワイナリー観光になるでしょう。GPSを利用して、その地点にさしかかると自動的に音声が流れる案内システムがあるので、千曲川ワインバレーの現状と未来を風景の中で説明することも、シルクからワインへという地域の風土産業の歴史を解説することもできます。日本語だけでなく、英語、中国語、韓国語の案内も可能なので、インバウンド旅行客も楽しめそうです。長野県では、今年からこのルートで実証実験をおこない、順調に行けば2017年から運行を開始したいと考えているようです。そのためにも、軽井沢と田中にふたつのワインポータルがほぼ同時にできるのは、ちょうどよいタイミングとなりました。

東上館プロジェクト

11月27日と28日のブログで紹介した東上館ですが、住友林業の古民家再生チームに検分してもらったところ、木造3階建ての本館は本格的な耐震工事をやるとあまりにも高額な費用がかかるので、通路として使用できる範囲に限って最低限の修復をするに止め、中庭とそれに続く土蔵と離れを営業に利用してはどうか、というプランが示されました。それでも修復して使えるようにするには最低数千万円以上、本館の一部に手をつけるとおそらく1億円を超える経費が必要になりそうなので、地域の繁栄の歴史を伝える資料館として公的な支援が得られるような企画をまとめ、資金調達の方法を案出し、永続的な運営母体を構築するなど、実現までには高いハードルを超えなければなりません。が、東上館の再生活用は、「シルクからワインへ」という風土産業による地域イノベーションの歴史的なバックグラウンドを目に見えるかたちで示す、きわめて重要な意味を持つプロジェクトなので、アルカンヴィーニュフォーラムのメンバーとも相談しながら、少しずつ周囲に理解の輪を広げていくところからはじめたいと思っています。

千曲川ワインラボ

東御市にある信州大学繊維学部の大室農場に、「千曲川ワインラボ」ができることになりました。当面は、収穫期のブドウの成分を分析してベストのタイミングを判定する分析センターとしてスタートし、県の試験場にある機器を用いたワインの成分分析と連動して栽培醸造に関する科学的なサポートをする態勢の一部を担いますが、将来的には地域の中心となるワイン研究センターとして、幅広い機能を備えることを目標としています。また、大室農場の広大な農場の一部を利用して喫緊の課題である苗木の供給システムの研究に着手することも検討されており、経法学部の「長野ワインを世界一にする」プロジェクトから、繊維学部ほか信大の各学部を巻き込んだ、産官学の連携が本格的にはじまろうとしています。

GIS研究会

長野県も、GIS（地理情報システム）を活用した農業情報のインフラ整備に取り組むことになり、東京大学空間情報科学研究センターの小口高教授の指導を受けて、同教授を座長とする研究会をスタートさせようとしています。GIS分析による土地の評価に、気象のデータと「千曲川ワインラボ」等による各地で収穫されたブドウの分析結果を照合することで、それぞれの地域によって異なる土壌や気象などの地理的条件が品種やクローンにどんな影響を与えるのかなどがわかります。こうして収集したデータを解析して積み上げていけば、いずれはワイン産地の「テロワールの秘密」を解き明かし、より戦略的な栽培や醸造を可能にすることになるでしょう。まずは研究会からのスタートですから、具体的な成果があらわれるまでには長い時間がかかると思いますが、とにかくその第一歩を踏み出すことができました。

日本酒・ワイン振興室

新年度から、長野県に「日本酒・ワイン振興室」という新しい部署ができます。これまでは、ブドウ栽培は農政部、ワイン醸造は産業労働部、ワイナリー観光は観光部、とそれぞれ管轄が分かれていて、いわゆる「縦割り」行政だったのですが、２０１６年度からは一本化して、「日本酒・ワイン振興室」が各部各部署と連携して振興策を進めます。日本酒とワインをともに扱うことについては、日本酒が「ワインの文法」（10月15日〜16日ブログ参照）に沿うようになったこともあり、アルコール度数でも両者の境目がしだいになくなってきて、フランスでも先端的なレストランではワインと日本酒を同じコースの中でサービスする店も出てきたくらいなので、いわば、時代の流れ、といっていいでしょう。輸出の戦略としては日本酒の勢いにワインがついていく展開になるでしょうし、国内観光でも同じ地域のワイナリーと酒蔵を同時に巡るツアーはきっと人気を呼ぶと思います。その意味でもちょうどよい時代の節目に「日本酒・ワイン振興室」という指令塔ができたことは、「この土地でつくられるのでなければ価値がない」地域の風土産業にとって、大きな追い風になることが期待できます。

あとがき

千曲川ワインアカデミーの第1期生24名は、ブドウ栽培、ワイン醸造、ワイナリー経営の各分野にわたる1年間の講座を修了し、3月9日を最後にアルカンヴィーニュを巣立っていきました。最後の3日間は「私のワイナリー計画─ブランド哲学とマーケティング戦略」というタイトルでひとり30分のプレゼンをしてもらいましたが、誰もがそれぞれに個性的な、これまでのキャリアで培った見識や発想を生かした魅力的な事業計画を発表しました。もちろんこの先その理想の計画は現実の壁に突き当たって無限の変更を余儀なくされると思いますが、現実が狭めた隘路《あいろ》にこそ成功に繋がる確実な道筋があると、私は自分の経験からはなむけの言葉を贈りました。

1年間を通して、ひとりの脱落者もなかったのはうれしい驚きでした。それどころか、農地を探していた生徒の多くはこの間に後半生を賭けるに値すると納得できる土地を見つけ、わずかであってもなんとか苗木を手に入れて、この春から植栽をはじめます。もともと人生の後半は自分の手でデザインしようと心に決めてこの道に飛び込んできた人たちですが、最初のうちは一歩を踏み出しながらもいまひとつ曖昧だったモチベーションが、仲間との交流の中でしだいに明確なかたちを取り、初心者向けにしてはきわめてレベルの高い講義の内容に必死でついていくうちに全員が後へ引けない覚悟を固めたようでした。私たちのこれからの仕事は、彼ら彼女らが無事に独立して、立派なブドウを育てておいしいといって飲んでもらえるワインをつくり、持続的な経営を確立して地域に貢献できるようになるまで、切れ目のないサポートをしていくことであると考えています。

10月31日のブログで、私は地方創生交付金の長野県からの申請にワイン振興関連の事業がないことを嘆きましたが、その後補正予算による加速化資金が県内のワイン関連案件に交付され、また飯綱町と高山村は「ＩＣＴを活用した最先端農業技術研究に関する実証実験事業」として、民間企業と連携してヴィンヤードの評価に関するデータ収集をはじめることがわかりました。千曲川ワインバレー北地区の中核をなす高山村には、この秋に2社目となるワイナリーができる予定で、そうした基盤を背景に各地域がそれぞれに自律的な動きを活発化させることは、信州ワインバレー構想が次の段階に入ったことを示しています。

信州ワインバレー構想が発表され『千曲川ワインバレー』が出版された２０１３年から、基盤ワイナリーができアカデミーがスタートして広域ワイン特区「千曲川ワインバレー東地区」が成立する２０１５年までの3年間は、いわば試合に臨むために必要なルーティーンを整える期間でした。「日本酒・ワイン振興室」が設置され「千曲川ワイン倶楽部」が発足する２０１６年からの3年間には、勢いをつけた助走から、大いなる飛躍へと踏み切らなければいけません。

軽井沢と田中にワインポータルをつくってバスと鉄道で両者を結ぶアイデアは、2015年9月26日に軽井沢でおこなわれたタウンミーティングが発端でした。知事と町長の前で私が夢のような話をし、参加者はワインの酔いも手伝っておおいに盛り上がりました。が、実際には解決しなければならない課題が山積しており、こんなに早く実現するとは当の私自身思ってもいませんでした。それぞれに熱い賛同者と、汗をかいてそこに飛び込もうとする勇気ある人材を得たことで現実となりましたが、そこには、あの、すべての垣根を飛び越えて人と人を結びつけ、想像もしていなかったことをやすやすと実現する、「ワインの力」が働いていたことは疑いありません。

大空にアーチをかける虹（ARC－EN－CIEL）のように、ブドウとワインが繋ぐ人の絆（ARC－EN－VIGNE）は、時空を超えた美しい架け橋をつくります。日本におけるワイン産業はまだまだマイナーな存在ですが、「ワインの力」を信じる仲間をひとりでも多く増やすことで、人びとの暮らしのかたちを食卓の上から静かに変えていくものと確信しています。

3年後に再びワインバレーを見渡したときには、どんな風景が見えていることでしょうか。

2016年　芽吹きの季節に

玉村豊男（たまむら とよお）

1945年東京都杉並区に生まれる。都立西高を経て東京大学フランス文学科卒。在学中にサンケイスカラシップによりパリ大学言語学研究所に留学するも紛争による休講を利用して貧乏旅行に明け暮れ、ワインは毎日飲むものだということだけを学んで1970年に帰国。インバウンドツアーガイド、海外旅行添乗員、通訳、翻訳を経て文筆業。1983年軽井沢に移住、1991年から現在の地で農業をはじめる。1992年シャルドネとメルローを定植。2003年ヴィラデストワイナリーを立ち上げ果実酒製造免許を取得、翌2004年より一般営業を開始する。2007年箱根に「玉村豊男ライフアートミュージアム」開館。著書は『パリ 旅の雑学ノート』、『料理の四面体』、『田園の快楽』など多数。近著に『隠居志願』、『旅の流儀』。『千曲川ワインバレー――新しい農業への視点』刊行以来、長野県と東御市のワイン振興の仕事に専念してきたが、古稀になった今年からは、少しスタンスを変えてワインバレーの未来を見渡していきたいと思っている。

ワインバレーを見渡して

2016年5月20日　第1刷発行

著者　玉村 豊男

装丁　玉村 豊男
本文デザイン　菅家 恵美

発行者　中島 伸
発行所　株式会社 虹有社《こうゆうしゃ》
〒112-0011 東京都文京区千石4-24-2-603
電話 03-3944-0230
FAX. 03-3944-0231
info@kohyusha.co.jp
http://www.kohyusha.co.jp

印刷・製本　モリモト印刷株式会社

ISBN978-4-7709-0071-5